铝离子电池电解液和正极材料的制备和改性

刘成员　介朝洋　著

中国建筑工业出版社

图书在版编目（CIP）数据

铝离子电池电解液和正极材料的制备和改性／刘成员，介朝洋著. — 北京：中国建筑工业出版社，2024.
12. — ISBN 978-7-112-30346-5

Ⅰ. TM912.9

中国国家版本馆 CIP 数据核字第 2024SN3490 号

　　新型储能是构建新型电力系统的重要技术和基础装备，是实现碳达峰碳中和目标的重要支撑。可充铝离子电池具有环境可持续性、高比容量和低成本等优势，被认为是新一代能源转换和储存的电池体系。本书系统全面地介绍了铝离子电池电解液的物理化学性质和改性技术，石墨型正极的开发以及铝-石墨型电池综合评价技术，为研究铝离子电池提供了全面的基础数据和研究设计思路，具有较高的学术水平和应用价值。

　　本书适用于科研院校、设计研究院所等从事储能领域和专业的科研人员、教师和学生。

责任编辑：勾淑婷　王美玲
责任校对：芦欣甜

铝离子电池电解液和正极材料的制备和改性

刘成员　介朝洋　著

*

中国建筑工业出版社出版、发行（北京海淀三里河路 9 号）

各地新华书店、建筑书店经销

北京龙达新润科技有限公司制版

建工社（河北）印刷有限公司印刷

*

开本：787 毫米×1092 毫米　1/16　印张：8¼　字数：204 千字
2025 年 9 月第一版　　2025 年 9 月第一次印刷
定价：**39.00** 元

ISBN 978-7-112-30346-5
（43719）

前　言

新型储能是构建新型电力系统的重要技术和基础装备，是实现碳达峰碳中和目标的重要支撑，也是催生国内能源新业态、抢占国际战略新高地的重要领域。为推动新型储能规模化、产业化、市场化发展，《"十四五"新型储能发展实施方案》中明确提出"电化学储能技术性能进一步提升，系统成本降低 30% 以上"。"十四五"新型储能核心技术装备攻关重点方向包括：推动多元化技术开发，鼓励发展和研发新一代高能量密度储能技术，电池本质安全控制技术以及储能电池循环寿命预测技术等，着力发展高安全性、低成本、长寿命电池储能技术。2022 年 6 月，国家发展和改革委员会办公厅、国家能源局综合司发布《关于进一步推动新型储能参与电力市场和调度运用的通知》（发改办运行〔2022〕475 号）指出，"要建立完善适应储能参与的市场机制，鼓励新型储能自主选择参与电力市场，坚持以市场化方式形成价格，持续完善调度运行机制，发挥储能技术优势，提升储能总体利用水平，保障储能合理收益，促进行业健康发展。"因此，开发新型电池作为锂离子电池的替代方案也持续更新，科研及产业界共同将关注点集中在低成本、资源丰富、高本征安全的电池。

由于铝价廉易得和高理论比容量，可充铝电池非常适合用作大规模电力存储的电化学储能装置。在所有类型的铝离子充电电池中，采用碳基正极材料和氯化铝基电解液的铝离子电池受到研究者的广泛关注。铝离子电池的商业化应用不但需要关注循环寿命、倍率性能、能量密度、功率密度、热稳定性和安全性等电池关键运行指数，还需要面对正极材料和电解液的工程化和放大化所面临的技术和成本挑战。因此，本书从碳基正极材料的结构设计和制备方法出发，开发了多种石墨基正极材料，优选出了一种无胶粘剂、三维结构的石墨型正极；研究了多种氯化铝基电解液的物理化学性质，考察了添加剂对这些电解液物理化学性质的影响规律，并以此为基础研究了电解液组成对铝离子电池电化学性能的影响。

对氯化铝-酰胺基室温熔盐的系统研究结果表明：所有体系的密度会随着氯化铝的增加而增大；在相同摩尔配比下，不同类型的酰胺对室温熔盐的密度的影响为：氯化铝-尿素＞氯化铝-乙酰胺＞氯化铝-丙酰胺＞氯化铝-丁酰胺；不同类型酰胺的熔盐电导率大小顺序为：氯化铝-丙酰胺＞氯化铝-乙酰胺＞氯化铝-丁酰胺＞氯化铝-尿素；室温熔盐体系的电导率与熔盐组分之间的关系曲线中存在最大值。进一步研究了氯化铝-1-乙基-3-甲基-氯化咪唑（$AlCl_3$-EMImCl）、氯化铝-乙酰胺（$AlCl_3$-acetamide）和氯化铝-尿素（$AlCl_3$-urea）三种电解液的物理化学性质，包括：熔盐结构、密度、黏度、电导率和电化学窗口。考察了添加剂对这几种电解液物理化学性质的影响规律。添加剂包含 LiCl、NaCl、LiBr、NaBr 等碱金属卤化物和碳酸乙烯酯（EC）、四氢呋喃（THF）、1,2-二氯乙烷（DCE）等有机物。$[Al_2Cl_7]^-$ 和 $[AlCl_4]^-$ 等离子浓度含量顺序为：$AlCl_3$-EMImCl＞$AlCl_3$-acetamide＞

AlCl$_3$-urea；密度顺序为：AlCl$_3$-urea＞AlCl$_3$-acetamide＞AlCl$_3$-EMImCl；黏度顺序为：AlCl$_3$-urea＞AlCl$_3$-acetamide＞AlCl$_3$-EMImCl；电导率顺序为：AlCl$_3$-EMImCl＞acetamide＞AlCl$_3$-urea。在所有添加剂中，有机物有利于提高 AlCl$_3$-EMImCl 体系的电导率，碱金属卤化物有利于提高 AlCl$_3$-酰胺基体系的电导率。溴化物添加剂降低了电解液的阳极极限电位，会导致铝电池最高充电电压下降。

以天然石墨片为原料，采用有机溶剂超声结合碳纤维吸附短工艺流程，开发了一种无胶粘剂的碳纤维布吸附超声石墨薄片（u-GF@CFC）正极材料。Al｜AlCl$_3$-EMImCl｜u-GF@CFC 铝离子电池表现出优异的电化学性能：电池的放电比容量高达 140mAh/g@100mA/g 和 110mAh/g@600mA/g。碳纤维布的多孔三维交织结构有利于 [AlCl$_4$]$^-$ 离子的快速嵌入/嵌出，使正极材料能够承受大电流。电流密度为 3000mA/g 时，电池循环 300 次后放电比容量仍维持在 60mAh/g，且具有近 100%高库伦效率。

设计了一套电化学原位拉曼光谱分析装置用于研究铝离子电池正极的电极过程，为铝电池研究提供了详细的拉曼光谱数据和高效的技术手段。采用该设备成功地研究了 u-GF@CFC 正极的电化学储能机理。原位拉曼光谱表明 Al-u-GF@CFC 电池的正极的电化学反应为 [AlCl$_4$]$^-$ 离子在正极石墨层间的嵌入/脱嵌。随着充电电压的变化，正极中形成不同阶数的石墨层间化合物（GIC）。充电初始阶段（1.85V），[AlCl$_4$]$^-$ 离子分散地嵌入到每一个石墨层。当充电电压为 2V 时，[AlCl$_4$]$^-$ 离子有序地占据某些石墨层间形成两个嵌入层之间存在 5 个未被离子占据的石墨层间结构，随着充电电压增大至 2.15V 时正极内部未被嵌入离子占据的石墨层间减少。充电电压继续增大为 2.3V 时，正极中形成只存在 1 个未被占据的石墨层间结构。当完全充电时（2.45V），只有部分未有离子嵌入的石墨层间继续被离子占据。因此，充电过程中 [AlCl$_4$]$^-$ 离子嵌入到 u-GF 中形成 GIC 的过程为：dilute stage 1→stage 6→stage 3→stage 2→stage 2-1。

研究了 3 种氯化铝基电解液对铝-石墨型电池的电化学性能的影响。AlCl$_3$-EMImCl 作为电解液的铝-石墨型电池提供的放电比容量要高于 AlCl$_3$-酰胺电解液。在电流密度为 100mA/g 时 AlCl$_3$-EMImCl 体系提供的能量密度为 105.8Wh/kg，AlCl$_3$-酰胺电解液贡献的能量密度约为 85Wh/kg。电解液的含铝络合离子浓度、黏度以及扩散电阻直接影响铝-石墨型电池的比容量和承受高电流的能力。碱金属卤化物和有机物添加剂能够有效地抑制铝负极的铝枝晶生长和消除隔膜中"死铝"，显著提高了电池的库伦效率和循环稳定性。有机物更适合作为电解液添加剂以提高铝-石墨型电池电化学性能，在 AlCl$_3$-acetamide 中效果尤为显著。以 AlCl$_3$-acetamide-LiCl（摩尔比 1.7：1：0.2）体系为电解液的铝-磷酸铁锂新型混合电池表现出较好的电化学性能：在 0.1C 充放电速率时放电比容量可达约 150mAh/g，且库伦效率高达 98%。

本书的出版得到了河南省自然科学基金（252300420759），河南省高等学校重点科研项目计划（25B480009），河南省住房城乡建设科学技术计划项目（K-2317），河南城建学院博士科研启动项目（K-Q2022014）等基金的资助，在此表示感谢。

本书由河南城建学院刘成员、介朝洋共同编纂完成，其中由刘成员负责编写第 2、3、4 章；由介朝洋负责编写第 1 章。

Abstract

New energy storage is an important technology and basic equipment for building a new power system, an important support for achieving the goal of peaking carbon neutrality, and an important field for the birth of new domestic energy formats and seizing new heights of international strategy. In order to promote the large-scale, industrialized and market-oriented development of new energy storage, the "14th Five-Year Plan" for the development of new energy storage clearly states that "the performance of electrochemical energy storage technology is further improved and the system cost is reduced by more than 30%". The key directions of the "14th Five-Year Plan" new energy storage core technology equipment include: promoting diversified technology development, encouraging the development and research of a new generation of high energy density energy storage technology, battery safety control technology and battery cycle life prediction technology, and focusing on the development of high-safety, low-cost, long-life battery energy storage technology. In June 2022, General Office of the National Development and Reform Commission and Comprehensive Department of the National Energy Administration issued the notice on further promoting the participation of new energy storage in the power market and scheduling application, pointing out that "It is necessary to establish and improve the market mechanism to adapt to the participation of energy storage, encourage new energy storage to independently choose to participate in the power market, adhere to the formation of prices in a market-oriented way, continue to improve the scheduling operation mechanism, and give play to the advantages of energy storage technology. Improve the overall utilization level of energy storage, ensure reasonable benefits of energy storage, and promote the healthy development of the industry." Therefore, the development of new batteries as an alternative to lithium-ion batteries continues to update, and the scientific research and industry jointly focus on low-cost, resource-rich, high intrinsic safety batteries.

Owing to the high theoretical capacity, low price, easy availability of aluminum, rechargeable aluminum-based battery is very suitable as an electrochemical energy storage device for large-scale power storage. Among all types of rechargeable aluminum-ion batteries (AIBs), those using carbon-based cathode materials and $AlCl_3$-based electrolytes have received extensive attention. The commercial application of AIBs not only needs to focus on the key operating indexes, such as cycle life, rate performance, energy density, power density, thermal stability and safety, but also to confront the technical and cost challenges of engineering and amplification of cathode materials and electrolytes. In view of the above discussed issues, this book has developed various graphite-based cathode materials based on the structural design and preparation methods, and preferably selected a binder-free, three-dimensional graphite-based cathode. The physicochemical properties of various $AlCl_3$-based electrolytes with/without additives were studied, and the effect of electrolyte composition on the electrochemical performance of AIBs was further investigated. The main contents are summarized as follows:

In the case of $AlCl_3$-Amide room temperature melts, density of each $AlCl_3$-Amide increases with increasing molar ratio of $AlCl_3$-Amide. At fixed molar ratio, density of four types of binary systems decreases in the order of $AlCl_3$-urea $>AlCl_3$-acetamide $>AlCl_3$-propionamide $> AlCl_3$-butyramide, while electrical conductivity decreases in order of $AlCl_3$-propionamide$>AlCl_3$-acetamide$>AlCl_3$-butyramide$>AlCl_3$-urea. There is a maximum value in each curve of electrical conductivity and composition of $AlCl_3$-Amide systems. Density, viscosity, electrical conductivity, and electrochemical window of three $AlCl_3$-based electrolytes ($AlCl_3$-EMImCl, $AlCl_3$-acetamide, $AlCl_3$-urea) were measured over a wide range of temperature. The effects of various additives on the physicochemical properties of $AlCl_3$-based electrolytes were also studied. Additives include alkali metal halides additives (LiCl, LiBr, NaCl, and NaBr) and organic additives [ethylene carbonate (EC), tetrahydrofuran (THF), and 1,2-dichloroethane (DCE)]. The concentrations of chloroaluminate anions ($[Al_2Cl_7]^-$ and $[AlCl_4]^-$) in $AlCl_3$-based electrolyte follows: $AlCl_3$-EMImCl$>AlCl_3$-acetamide$>AlCl_3$-urea. The density follows: $AlCl_3$-urea$>AlCl_3$-acetamide$>AlCl_3$-EMImCl; the order of viscosity is in the order of $AlCl_3$-urea$>AlCl_3$-acetamide$>AlCl_3$-EMImCl; the conductivity follows below order: $AlCl_3$-EMImCl$>AlCl_3$-acetamide$>AlCl_3$-urea. Among all additives, organics are beneficial to increase the conductivity of $AlCl_3$-EMImCl system, and alkali metal halides for $AlCl_3$-Amide electrolytes. Bromides reduce the anodic limit potential of the electrolyte, resulting in a decrease of the highest charge voltage of aluminum battery.

A binder-free ultrasonicated graphite flake adsorbed on carbon fiber cloth cathode (u-GF@CFC) is prepared by using natural graphite flakes as raw material and by a short process of organic solvent ultrasonication and carbon fiber adsorption. Al | $AlCl_3$-EMImCl | u-GF@CFC battery shows excellent battery performance: it exhibits a high discharge specific capacity of $\sim$140 mAh/g (100 mA/g), and the capacity still exceeds 110 mAh/g at a current density of 600 mA/g. The porous and three-dimensional interweaving structure of the carbon fiber cloth facilitates the rapid intercalation/deintercalation of $[AlCl_4]^-$ ion, and enables the cathode material to withstand the attack of large currents. The battery maintains a capacity of 60mAh/g (3000mA/g) over 300 cycles with a near 100% coulombic efficiency.

An electrochemical in-situ Raman cell is designed for the electrochemical reaction process of AIBs, and the detailed Raman spectral data and efficient technology for aluminum battery study are provided. The device has been successfully used to study the electrochemical energy storage mechanism of u-GF@CFC cathode. In-situ Raman spectroscopy indicates that the electrochemical reaction on the cathode is the intercalation/deintercalation of tetrachloroaluminate anions between the graphite layers. Graphite intercalation compounds (GICs) are formed in the charging process. In the charging initial stage (1.85V), each graphite layer is sparsely occupied by $[AlCl_4]^-$ intercalant. Then ordered staging occurs as the voltage increases to 2V at which point the structure with five unintercalated graphite interlayer between two intercalant layers is formed. As charging past 2.15V, the GIC transitions to a lower stage. The structure with one unoccupied graphite interlayer is formed as the voltage reaches 2.3V. A part of unintercalated graphite layers continue to be occupied by intercalants at the fully charged state (2.45V). Therefore, the staging behavior of $[AlCl_4]^-$ ions into the cathode to form GIC during a charging process can be described as dilute stage 1→stage 6→stage 3→stage 2→stage 2-1.

Comparison of three $AlCl_3$-based electrolytes for aluminum-graphite-based battery application was carried out. As the electrolyte of aluminum batteries, $AlCl_3$-EMImCl shows special advantages. Its specific discharge capacity is higher than those batteries using $AlCl_3$-Amide as electrolytes. The energy densities provided by $AlCl_3$-EMImCl and $AlCl_3$-Amide are 105.8Wh/kg and 85Wh/kg at 100mA/g, respectively. The content of chloroaluminate anions, viscosity, and diffusion resistance of electrolytes directly affect the electrochemical performance of the aluminum-graphite battery. The battery based on $AlCl_3$-EMImCl electrolyte has a higher remaining capacity and can withstand the attack of larger current. Alkali metal halides and organic can effectively inhibit the growth of dendrites on aluminum anode and "dead aluminum" in the separator, also significantly improve the cycle stability and coulombic efficiency of the aluminum-graphite-based battery. Organics are more suitable as electrolyte additives for aluminum-graphite-based batteries, especially for the $AlCl_3$-acetamide system. The Al-LiFePO$_4$ hybrid cell using $AlCl_3$-acetamide-LiCl (1.7:1:0.2 in molar ratio) as the electrolyte exhibits a high specific discharge capacity of 150mAh/g with a high 98% coulombic efficiency at 0.1 C rate.

The publication of this book has been supported by the Natural Science Foundation of Henan (252300420759), the Key Scientific Research Project of Colleges and Universities in Henon Province (25B480009), the Science and Technology Project of Housing Urban and Rural Construction of Henan Province (K-2317), the Doctoral research start-up project of Henan University of Urban Construction (K-Q2022014).

The book was jointly compiled by Liu chengyuan and Jie Chaoyang, members of Henan University of Urban Construction, of which Liu chengyuan was responsible for writing the second, third and fourth chapters; Jie Chaoyang is responsible for writing the first chapter.

目　录

绪　论

1.1　引言

在过去的数十年里，化石燃料的持续消耗，温室气体的急剧排放以及 PM2.5 的骤升引起了人们对可再生能源存储的广泛关注。为此，人们开始寻求和发展可再生的绿色新能源，如风能、太阳能等。由于这些可再生能源在时间和空间上分布的不均匀性，它们通常需要与高效的能量存储装置配套使用[1-4]。从 20 世纪 90 年代以来，以石墨为负极、钴酸锂为正极的锂离子电池得到了空前的发展和应用。制备锂离子电池所必要的锂资源和钴资源在地壳中储量有限，且分布不均匀，这在一定程度上制约了锂离子电池在智能电网上的大规模应用。在过去 10 年中，锂离子电池的广泛生产和使用已经导致了锂资源价格的急剧上升[5]。从可持续发展的战略高度来看，利用地球储量更丰富的元素发展低成本、高安全性和长循环寿命的化学电源体系势在必行。采用其他金属负极材料的低成本电池（包括钠[6-10]、钾[11-14]、镁[15,16]、钙[17,18] 和铝[19,20]）吸引了当前研究者的兴趣，并被认为是理想电化学储存体系的候选者[21]。

铝在地壳中的含量位列各种金属之首（铝为 8%，锂为 0.0065%），其每年的全球开采量是锂的 1000 多倍。且金属铝的理论电容量为 2978mAh/g 和 8034mAh/L（图 1-1a），其中体积比容量是锂的 4 倍左右[22]。以金属铝作为二次电池的电荷载体能够大幅降低电池的生产成本。在过去 30 多年里，对铝电池的研究从未中断，相关研究主要集中于寻找合适的电解液和正极材料。早期的针对铝电池的相关研究中所报道的电池性能均相对较差[23]。因此，设计和开发具有更高工作电压和更大储存比容量的正极材料以及与之相匹配的电解液是发展高性能铝电池的关键课题。

1.2　铝离子电池简介

1.2.1　铝离子电池的产生和发展

在现代社会中，对于有效整合和应用间歇性可再生能源，储能技术的发展必不可少。在各种能源储存体系中，使用可充电池储能的电化学储能已经成为电能储存最有效的应用方法之一[1]。铝是地壳中含量最丰富的金属元素之一，其具有很高的质量理论比容量和体积理论比容量，因此比较适合应用于电化学能源储存领域。此外，由于成本是影响电化学能源技术实际和大规模应用的关键因素之一，对于铝电池的一个最明显的优势就是金属铝的价格便宜。基于上述优点，可充铝电池被认为是新一代能源转换和储存的电池体系。图 1-1(b) 统计了每年出版相关铝电池的文章数量。从 2015 年开始，关于铝电池的文章数明显增加，并且逐年增多。这说明可充铝电池正处于快速发展时期，且未来对于铝电池的研究更受关注。

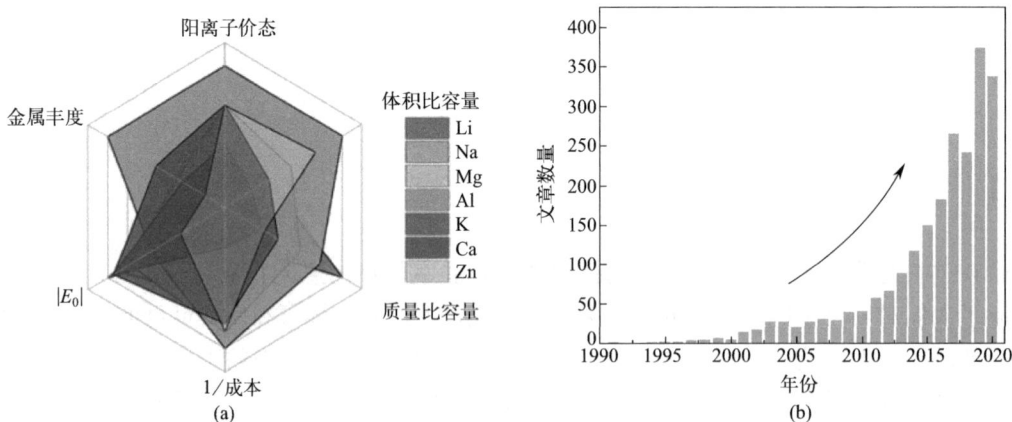

图 1-1　铝离子电池的优势以及每年发表文章数

(a) 锂、钠、镁、铝、钾、钙和锌电池的对比：地壳中金属的丰度、相对于（H/H+）的电压绝对值、成本的倒数值、质量比容量和体积比容量、阳离子价态；(b) 基于"铝离子电池"关键词的每年发表文章数[22]

　　基于铝负极的铝电池发展，如图 1-2 所示。1972 年，Holleck 等人报道了以玻璃碳电极和 AlCl$_3$-KCl-NaCl 熔盐电解液组装而成的 Al-Cl$_2$ 电池[24]。其工作温度为 90~150℃，表现出较高的能量密度。该电池的电化学行为类似燃料电池行为。在 20 世纪 80 年代，研究者们开发了过渡金属硫化物（例如 FeS$_2$ 和 FeS）为正极、高温熔盐为电解液的低价可充铝基电池[25,26]，被认为是可逆铝电池的原型。但是，充放电过程中硫化物的严重不稳定性和氯气的析出限制了高温可充铝电池的发展。Dymek 等人报道了以氯化铝-氯化 1-甲基-3-乙基咪唑（AlCl$_3$-MEImCl）室温熔盐为电解液的 Al｜0.37AlCl$_3$-MEImCl｜0.6AlCl$_3$-MEImCl｜Al 原电池，他们发现在氯化铝基室温熔盐中能够实现金属铝的沉积/溶解[27]。因此，研究者们开始探索适合室温铝电池的正极材料和电解液。随后，Gifford 等人研究了以氯化铝-氯化 1,2-二甲基-3-丙基咪唑（AlCl$_3$-DMPrICl）室温熔盐为电解液的 Al-Cl$_2$ 型二次电池[28]。该电池用石墨作为氯气的嵌入正极载体，其比容量仍很低，无法实现高能量密度以满足电池的实际应用。因此，室温铝电池仍然面临很大的挑战。直到 2011 年，Archer 团队报道了以层状五氧化二钒（V$_2$O$_5$）为正极材料，氯化铝-氯化 1-乙基-3-甲基咪唑（AlCl$_3$-EMImCl）离子液体为电解液的铝电池[29]，实现了室温铝电池的可逆性，这推动了铝电池的快速发展。2015 年，戴宏杰团队报道了一种热解石墨泡沫正极、AlCl$_3$-EMImCl 电解液的铝-石墨型电池[30]。石墨型电极实现了电池充放电过程中正极上含铝络合阴离子的嵌入/脱嵌反应的可逆性。他们相继又报道了一种三维多孔石墨泡

K₂CoFe(CN)₆[45]

WS₂[46]

Graphene@carbon[41]
Unzipped CNT[42]

AlCl₃-acetamide[53]
AlCl₃-Et₃NHCl[54]

3H3C graphene[37]
Graphene nanoribbon[38]
Kish graphite[39]

MXene[36]

← Future　← 2020　← 2019　← 2018　← 2017

PQ macrocycles[43]、Co₃(PO₄)₂@C[44]

AlCl₃-LiCl-KCl[55]、AlCl₃-PMIMCl[56]

Carbon nanoscroll[40]

Se/CMK-3[47]
CoSe₂/C-ND@rGO[48]
Te[49]

AlCl₃-urea[52]

CoS₈@CNT-CNF[35]

AlCl₃-acrylamide+AlCl₃/EMImCl[50]
Al(OTF)₃-[BMIM]OTF[51]

Al-Cl₂、AlCl₃-DMPrICL[28]

Pyrolytic graphite foam[30]

Expanded graphite foam[31]

1972 → 1980 → 1984 → 1988 → 2011 → 2015 → 2016

Al-Cl₂[24]
AlCl₃-KCl-NaCl

Al-FeS₂[25]
AlCl₃-NaCl

AlCl₃-MEImCl[27]

Al-FeS[26]
AlCl₃-NaCl

V₂O₅[29]

Al-S[32]

Ni₃S₂@graphene[33]
Hexagonal NiS[34]

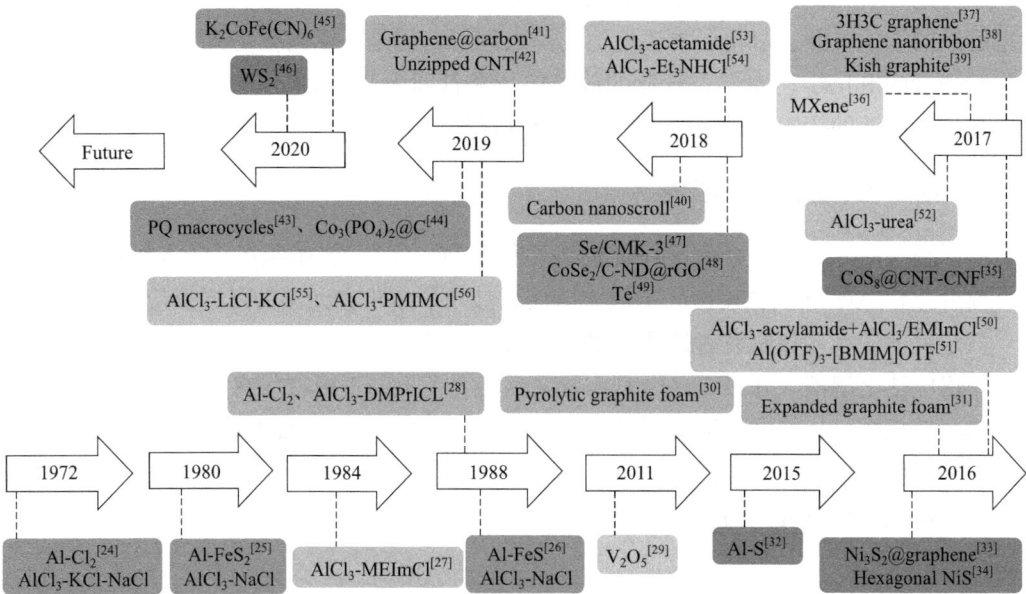

图 1-2　铝电池的正极材料和电解液的发展进程

沫作为可充铝电池的正极材料。该电极具有更高的放电比容量，以及良好的循环稳定性和较高的库伦效率[31]。室温可充铝电池，尤其是可逆铝电池，得到了更多的关注和研究。此后，硫及过渡金属硫化物[32-35]、二维碳化钒（MXene）[36] 和石墨烯[37-39] 等不同类型的正极材料相继被报道。在随后的几年中，研究者们陆续研究了其他不同结构类型的正极材料，如碳纳米卷[40]、石墨烯-碳复合材料[41]、碳纳米管[42]、有机聚合物[43]、金属有机框架衍生物[44]、普鲁士蓝类似物[45]、二维层状硫化物[46]。另外，由于硒和碲具有较高的能量密度和功率密度，因此也被用于可充铝电池的正极材料[47-49]。

氯化铝基离子液体因其具有很高的铝沉积/溶解可逆性而被广泛用作室温铝电池的电解液，尤其是 AlCl₃-EMImCl 离子液体。然而，该类电解液具有对水极易敏感、成本高等缺点。因此，许多研究者探索了适合铝电池的理想电解液。2016 年，Sun 等人报道了一种以氯化铝-丙烯酰胺（AlCl₃-acrylamide）和 AlCl₃-EMImCl 离子液体混合制备的聚合物凝胶，以探索对水不敏感的铝电池电解液[50]。Wang 开发了一种用于可充铝电池的高压、非腐蚀的离子液体电解液。该电解液由三氟甲磺酸铝和 1-丁基-3-甲基三氟甲磺酸咪唑 {Al(OTF)₃-[BMIM]OTF} 混合而成[51]。用该电解液组装而成的 Al-V₂O₅ 电池的循环稳定性并不理想。随后，低成本的氯化铝-尿素（AlCl₃-urea）和氯化铝-乙酰胺（AlCl₃-acetamide）深度共晶溶剂用作铝电池的电解液相继被报道[52,53]。由此类电解液组装的铝-石墨型电池表现出较好的放电比容量和循环稳定性。氯化铝-盐酸三乙胺（AlCl₃-Et₃NHCl）离子液体作为铝电池的电解液具有与 AlCl₃-EMImCl 电解液相似的性能，且成本明显低于后者[54]。这些电解液体系的研究对于发展高性能、低成本的室温铝电池具有重要的意义。2019 年，Wang 等人用低成本的三元 AlCl₃-LiCl-KCl 无机熔盐作为铝电池的电解液[55]，但是电池的工作温度在 120℃以上。Yang 等人研究了咪唑基离子液体与铝电池电解液之间的构-效关系，这为设计高性能铝电池的电解液提供了一种新方法[56]。

从上述分析可知，最近几年关于铝电池的研究越来越多，不仅仅是电极的发展，还包含电解液的探索，并且取得了对铝电池的深入理解。但是，铝电池仍有很大的挑战，这是因为它缓慢的电化学动力学、较低的放电电压和能量密度。因此，铝电池仍需要继续发展，包括电解液的探索、正极的设计和负极的保护。

1.2.2 铝离子电池的反应机理

不同类型的正极材料具有不一样的铝存储机理，可以分为两类：嵌入机理和转化反应。前者包含 Al^{3+} 和 $[AlCl_4]^-$ 的嵌入，后者涉及了多价态元素的可逆反应。

截至目前，大多数研究者发现非水电解液避免了氢气析出反应。氯化铝基离子液体常被用作铝电池电解液。并且，已经有大量文献研究了不同正极材料在酸性氯化铝基电解液中的铝存储机理。目前已经证实了碳材料（石墨[30,34,39,57-59]、石墨烯[42,60]，或者无定形碳[61-63]）和一些导电聚合物[64]的充放电反应机理为 $[AlCl_4]^-$ 络合离子的嵌入/脱嵌反应。反应机理可以表达为：

$$正极：\quad [AlCl_4]^- + C_n \underset{放电}{\overset{充电}{\rightleftharpoons}} C_n[AlC_4] + e^- \tag{1-1}$$

$$负极：\quad 4[Al_2Cl_7]^- + 3e^- \underset{放电}{\overset{充电}{\rightleftharpoons}} Al_{(s)} + 7[AlCl_4]^- \tag{1-2}$$

其中，n 为碳原子与嵌入 $[AlCl_4]^-$ 离子的摩尔比。充电过程中，$[AlCl_4]^-$ 离子嵌入正极石墨层间，负极上的反应为金属铝沉积。但是，在放电过程中会产生一些不可逆的容量，这是因较大尺寸的 $[AlCl_4]^-$ 络合离子不能完全脱嵌导致的[65]。不同于碳基材料，一些正极材料（比如过渡金属硫化物和氧化物）弥补了碳材料的缺陷。以钒的氧化物（V_2O_5[66]、VO_2[67]、Li_3VO_4[68]）和钼的硫化物（Mo_6S_8[69]、MoS_2[70]、$MoSe_2$[71]）为例，嵌入反应机理可以表达为：

$$正极：\quad M + 4n[Al_2Cl_7]^- + 3ne^- \underset{充电}{\overset{放电}{\rightleftharpoons}} Al_nM + 7n[AlCl_4]^- \tag{1-3}$$

$$负极：\quad Al_{(s)} + 7[AlCl_4]^- \underset{充电}{\overset{放电}{\rightleftharpoons}} 4[Al_2Cl_7]^- + 3e^- \tag{1-4}$$

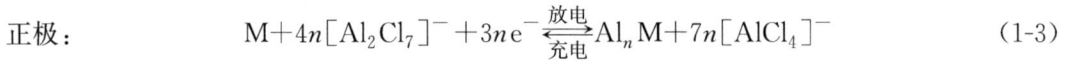

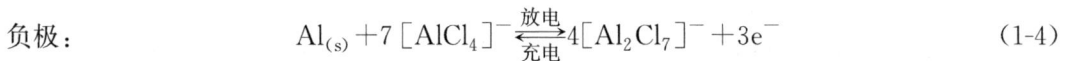

其中，M 为正极材料。在正极上，Al^{3+} 自由地进入本体材料中形成新的铝化合物。$[AlCl_4]^-$ 络合离子与金属铝反应生成 $[Al_2Cl_7]^-$ 络合离子。明显地，电解液中需要大量 $[Al_2Cl_7]^-$ 络合离子，表明电解液中氯化铝与氯化物的摩尔比要大于1[72,73]。上述两种嵌入机理中，$[AlCl_4]^-$ 络合离子的嵌入/脱嵌反应只出现在碳材料中，而 Al^{3+} 离子的嵌入/脱嵌反应只出现在过渡金属氧化物和硫化物中。

转化反应机理可以描述为：

$$正极：\quad mnAl^{3+} + M_nX_m + 3mne^- \underset{充电}{\overset{放电}{\rightleftharpoons}} mAl_nX + nM \tag{1-5}$$

其中，M 代表的是过渡金属阳离子或者其他高价态阳离子（$M = Fe^{3+}$、Cu^{2+}、V^{3+}、Ni^{2+} 等），X 代表的是某种阴离子（$X = Cl^-$、S^{2-} 等）[32,33,74,75]。作为多电子氧化还原反应，具有转化反应机理的铝电池表现出高的比容量。但是，对于硫化物和氯化物，因其电导率低和充放电过程中结构的坍塌导致电池比容量衰减和差的循环性能。

第1章 绪论

1.3 铝离子电池正极材料

正极材料是限制和决定可充铝电池的电化学性能的关键因素。目前，正极材料主要包含过渡金属基化合物、碳基正极材料，以及其他类型的正极材料。

1.3.1 过渡金属基正极材料

过渡金属氧化物[76-78]是铝电池的一种常见类型的正极材料，尤其是金属钒的氧化物。自从 Jayaprakash 首次报道了用于室温铝电池的 V_2O_5 纳米线正极[12]，许多团队研究了五氧化二钒正极的充放电机理。Reed 通过研究五氧化二钒和不锈钢在 $AlCl_3$-EMImCl 电解液中的电化学行为，提出了含氯化铝基电解液的纽扣电池的部分容量是由纽扣电池外壳中铁和铬电化学腐蚀导致的[79]。因此，以氯化铝基室温熔盐为电解液的可充铝电池大多数组装为软包电池。随后，Wang 等[66]研究了涂覆法制备的正极在氯化铝基电解液中的稳定性，发现胶粘剂会与电解液反应，且循环一段时间后活性物质容易从集流体上脱落，这严重影响了电池性能。因此，他们直接采用电镀的方式在镍箔基底上电沉积 V_2O_5，用作铝电池的正极。该正极具有较高的放电比容量 239mAh/g。这主要归功于正极的三维结构有利于 Al^{3+} 的嵌入/脱嵌（图 1-3）。亚稳态单斜晶体 VO_2 的"隧道"结构也有利于离子的嵌入/脱嵌，从而实现电池的可逆性。因此，他们又开发了以纳米 VO_2 为正极、高纯铝为负极、$AlCl_3$-EMImCl 离子液体为电解液的铝电池[67]。该电池呈现出优异的初始放电比容量，循环 100 圈后电池的放电比容量仍维持在 116mAh/g。另外，由多层 CuO 纳米棒堆积形成的均匀分布、开放性多孔结构的微球状 CuO（PM-CuO）正极表现出优异的首次放电比容量（250.12mAh/g），循环 70 圈后具有较高的放电比容量剩余量（130mAh/g）。Al-CuO 电池在高电流密度 200mA/g 时具有很好的循环稳定性能[80]。因此，具有层状或"隧道"结构的过渡金属氧化物适合作为可逆铝电池的正极材料。但是，钒基氧化物的低放电电压平台限制了铝电池在高功率密度能源储存中的应用。Wei 等人在泡沫镍表面原位生长一层致密的氧化钼制备 MoO_2@Ni 正极材料，该正极的放电电压平台可以达到 1.9V[81]。电化学腐蚀金属镍溶解到隔膜中导致比容量衰减，因此需要进一步提高和优化该正极材料。Li_3VO_4 具有中空灯笼状的三维晶体结构，它表现出很好的循环性能和高的可逆比容量[68]。Jiang 等人制备 Li_3VO_4@C 作为铝电池的正极材料，其表现出较高的初始放电比容量（137mAh/g），循环 100 次后电池的比容量剩余量为 48mAh/g。随后，Manthiram 制备了具有"开放式通道"的 $Mo_{2.5+y}VO_{9+z}$ 作为铝电池的正极材料，其独特的结构有利于多价离子的传输和提供了电荷分布的活性位点。在 2mA/g 电流密度时初始放电比容量为 137mAh/g[72]。

由于铝离子携带三个正电荷诱导的库伦效应，铝在主体晶体结构中的电化学嵌入是比较困难的。过渡金属氧化物可能不是铝的理想宿体，这是因为它们与铝阳离子之间较强的静电吸引力抑制了晶体中铝阳离子电荷的重新分配，从而阻碍了铝离子的脱嵌。与氧相比，硫的电负性较低，更容易被极化。因此，硫基阴离子框架中的电荷重新分布要优于氧化物。基于此，Geng 等人首次研究了谢夫尔相 Mo_6S_8 正极上可逆的电化学铝嵌入/脱嵌

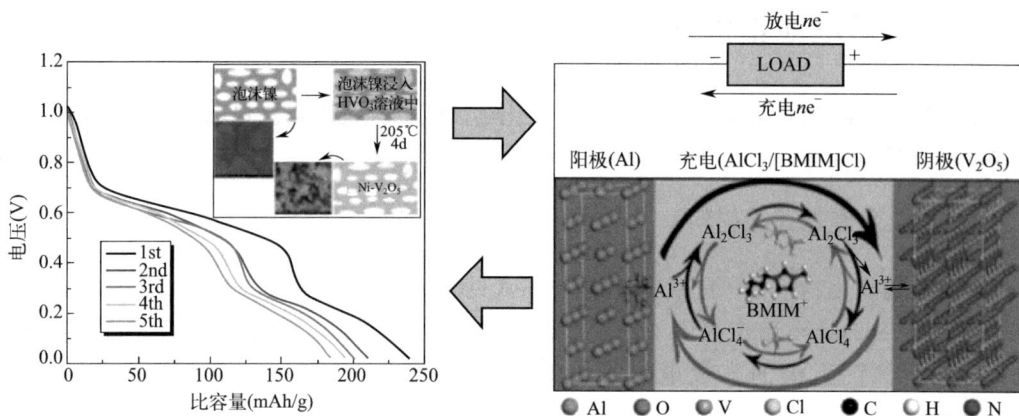

图 1-3　无胶粘剂 Ni-V$_2$O$_5$ 正极的恒电流充放电曲线（插图为无粘结 Ni-V$_2$O$_5$ 正极的合成图），以及充放电过程中反应顺序的原理图[66]

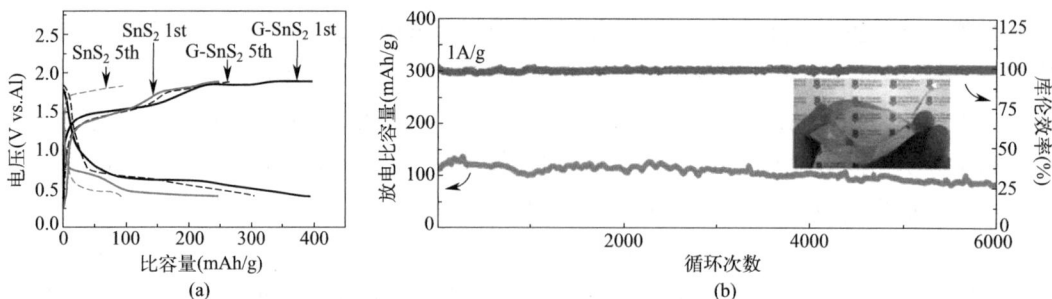

图 1-4　不同过渡金属基正极的电化学性能

（a）G-SnS$_2$ 和 SnS$_2$ 电极在电流密度为 100mA/g 时的第一次和第五次充放电曲线[84]；

（b）Co$_9$S$_8$@CNT-CNF 电极在电流密度为 1A/g 时放电比容量和库伦效率，

插图为用软包电池组装的柔性 Co$_9$S$_8$@CNT-CNF 铝电池[35]

反应[69]。随后，Lee 采用原位技术研究了 Mo$_6$S$_8$ 中铝的存储机理[82]。其电化学反应机理可以分为两步：Al^{3+} 具有很高的扩散活化能并且占据 Mo$_6$S$_8$ 的内环空间形成 AlMo$_6$S$_8$；三个 AlMo$_6$S$_8$ 和一个 Al^{3+} 嵌入外环中生成 Al$_{0.75}$Mo$_6$S$_8$。其中，第一步的放电比容量是第二个的 3 倍左右。Yang 通过静电纺丝和热处理的方式制备了无胶粘剂的 MoS$_2$@C 正极[83]。该正极在电流密度为 100mA/g 时循环 200 次后的放电比容量仍保持在 126mAh/g，其性能要高于水热法制备的微球 MoS$_2$ 正极[70]。因此，许多研究者开始关注如何提高硫化物正极的电化学性能。为了进一步提高铝电池的循环性能，Hu 制备了三维还原氧化石墨烯支撑的 SnS$_2$（SnS$_2$@rGO）铝电池正极材料[84]。当电流密度为 100mA/g 时，SnS$_2$@rGO 的首次放电比容量高达 392mAh/g。而 SnS$_2$ 的放电比容量只有 246mAh/g（图 1-4a）。即使在 1000mA/g 高电流密度时 SnS$_2$@rGO 仍然具有较高的放电比容量 112mAh/g。充放电过程中［AlCl$_4$］$^-$络合离子具有很高的可逆性，主要是因为 SnS$_2$ 的层间距与［AlCl$_4$］$^-$离子尺寸相当。还原氧化石墨烯中 SnS$_2$ 的均匀分布为电化学反应提供了大量的活性位点。Hu 用静电纺丝的方法制备了 Co_9S_8@CNT-CNF 电极材料[35]。该柔性电极可以直接用作铝电池的正极。当电流密度为 100mA/g 时，该正极的充放电平台分别为 1.3V 和 0.9V，首次放电比容量为 315mAh/g。层状多孔碳有利于电解液的浸润以及无胶粘剂的正极避免了副反应和电极的粉化，从而提高电池的比容量和循环性能（图 1-4b）。

金属硫化物具有较高的首次放电比容量（100mA/g 时达到 300～400mAh/g），但是其能量密度比较低，循环稳定性和倍率性能也比较差等缺点限制了可充铝电池的进一步应用。为了解决上述问题，Xing 等人将金属有机框架 ZIF-67 硒化制备了用于铝电池正极的 CoSe@C 材料[85]。该电池优异的电化学性能主要是因为三维碳包覆的 CoSe 纳米颗粒的均匀结构。CoSe@C 正极两个放电平台分别位于 1.9V 和 1.1V。在 5A/g 时，该正极表现出很高的首次放电比容量 427mAh/g 和能量密度 427 Wh/kg。循环 100 次后，比容量仍维持在 62.4mAh/g（图 1-5a）。该材料奠定了过渡金属硒化物作为铝电池正极材料的基础。

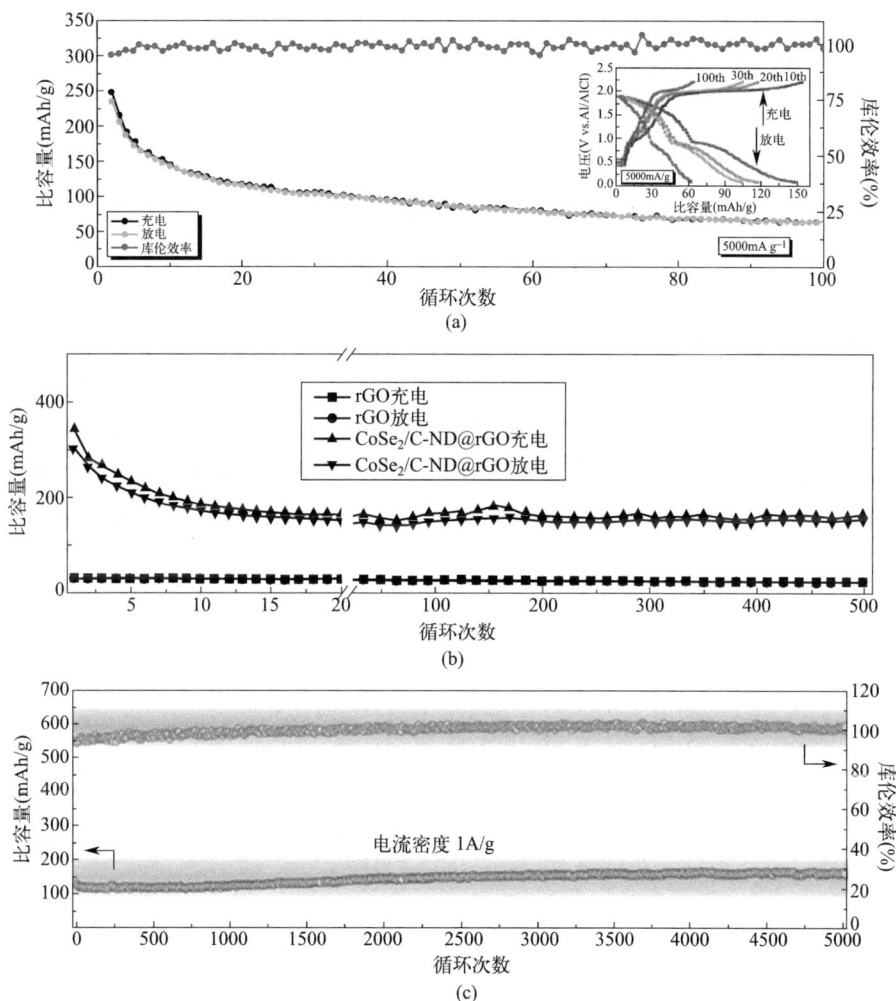

图 1-5　不同 CoSe 基正极的电化学性能

（a）CoSe@C 电极在电流密度 5A/g 时循环性能和库伦效率[85]；（b）$CoSe_2$@CND-rGO 和纯 rGO 在电流密度 1A/g 时循环性能[48]；（c）N-$MoSe_2$@C 在电流密度 1A/g 时循环性能[87]

Cai 等人又制备了一种新型的钴-硒化合物用作铝电池的正极材料[48]。第一步，将 ZIF-67 硒化获得表面粗糙的 CoSe@CND 中空结构材料，但是其在电化学反应过程中会溶解到电解液中导致电池的比容量衰减和较差的循环稳定性。第二步，在 CoSe@C-ND 外面包覆一层还原氧化石墨烯获得 CoSe@CND-rGO 电极。在 1A/g 时循环 500 次后，该正极的放电比容量仍维持在 143mAh/g（图 1-5b）。为了进一步提高电池的倍率和循环性能，Zhou 制备了 $MoSe_2@C$ 铝电池正极材料[86]。Zhao 等人制备了纳米尺寸的钼-硒化合物 N-$MoSe_2@C$[87]。在 1A/g 时，该正极能够稳定循环 5000 次且放电比容量始终维持在 100mAh/g 以上（图 1-5c），电化学性能要高于 $MoSe_2@C$ 正极。

过渡金属基正极材料的电化学性能[88,92-94]　　表 1-1

正极	放电电压(V)	电流密度(A/g)	比容量(mAh/g)	循环	文献
$Ni_3S_2@G$	1	0.1	60	100	32
$Co_9S_8@CNT-CNF$	0.95	0.1	297	200	35
$CoSe_2@CND-rGO$	1.9、0.9	1	143	500	48
V_2O_5	0.6	0.044	180	5	66
MoS_2		0.04	66.7	100	70
CuS@C	1	0.02	100	100	74
CoSe	1.9、1	5	60	100	85
Co_3S_4 微球	0.68	0.05	90	150	89
SnS_2/rGO	0.68	0.2	70	100	91
VS_2/石墨烯	0.6	0.1	50	50	92
VS_4/rGO		0.1	80	100	93
$Cu_{2-x}Se$	0.5	0.2	100	100	94

图 1-6 总结了一些可充铝电池的过渡金属基正极材料的倍率性能[88]。随着电流密度增加，电池的比容量必然衰减，表现出不理想的倍率性能。但是，某些正极材料的比容量确实提高了（超过 200mAh/g）。表 1-1 总结了一系列过渡金属基正极材料的电化学性能，其放电电压较低。一些正极材料能够提供较高的放电比容量，但是其充放电循环的寿命少于 1000 次。因此，未来需要进一步研究铝电池的快速充放电行为。

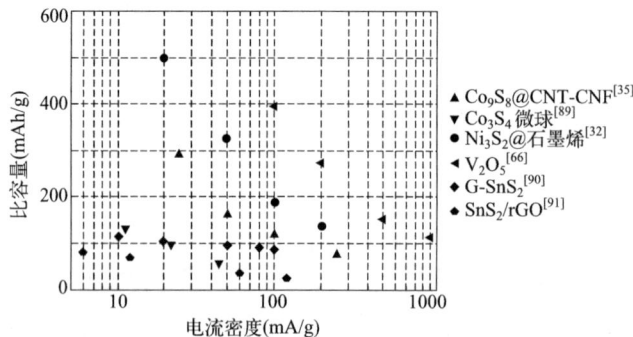

图 1-6　可充铝电池的过渡金属基正极材料的倍率性能[88]

1.3.2　碳基正极材料

以碳基材料为正极、铝箔为负极和氯化铝基室温熔盐为电解液的铝-碳基电池是一种典型的可充铝电池。碳基材料表现出良好的循环和倍率性能。目前的研究主要集中在石墨基和石墨烯基材料,它们有助于提高 $[AlCl_4]^-$ 的嵌入/脱嵌反应。

Gifford 等人首次以石墨正极、铝负极和 $AlCl_3$-DMPrICl 电解液构建室温可充铝电池[28]。在该电池中,石墨是作为氯的可逆嵌入电极。在电流密度为 $1\sim10mA/g$ 内,其平均放电电压为 $1.7V$,并且 100% 深度放电条件下能够稳定运行 150 次。但是充放电过程中析氯反应限制了进一步研究。2015 年,戴宏杰报道了一种以石墨泡沫正极、铝箔负极和氯化铝基电解液组装的可充铝-石墨型电池[30]。正极内部较大的空间缩短了 $[AlCl_4]^-$ 嵌入路程(图 1-7a),提高了电化学反应效率。石墨泡沫正极具有较高的放电电

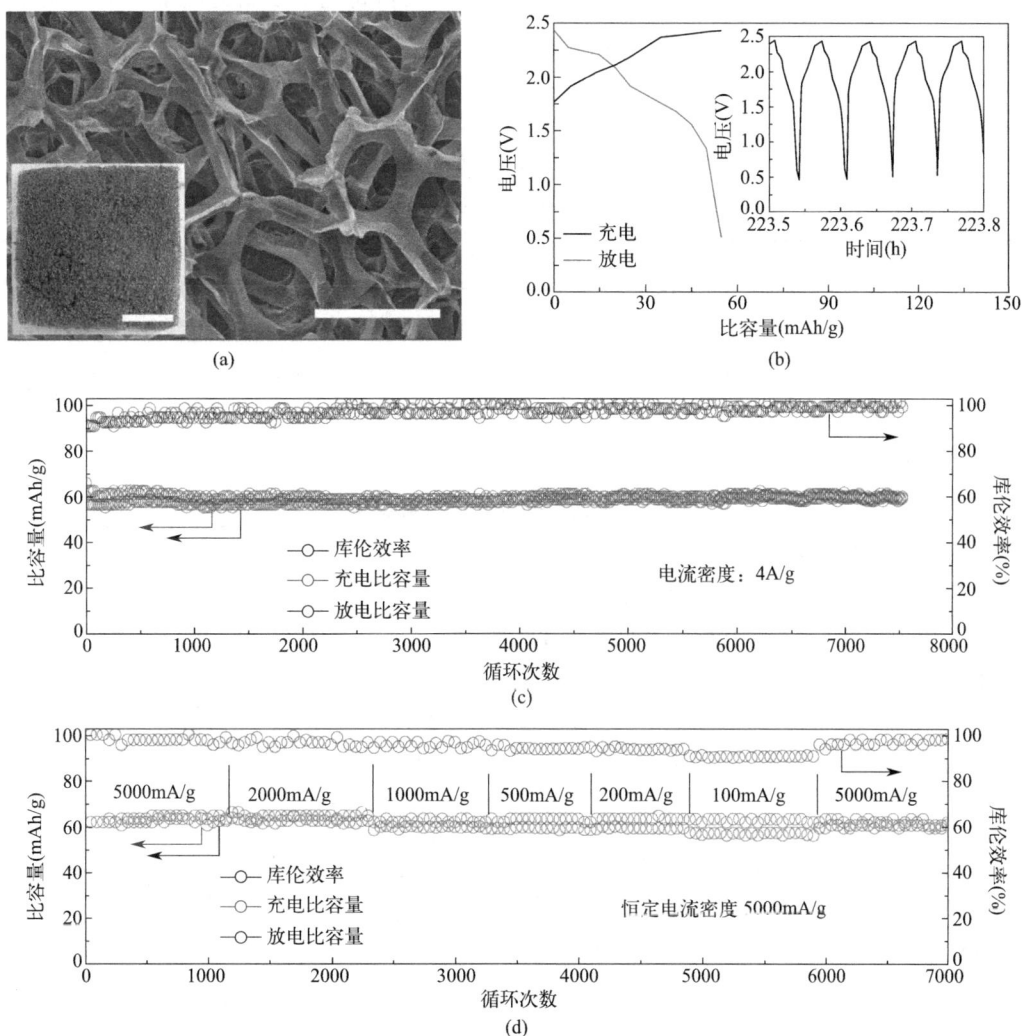

图 1-7 石墨泡沫的显微结构和电化学性能

(a) 具有开放框架结构的石墨泡沫的 SEM 图,比例尺为 300mm;插图为石墨泡沫的照片,比例尺为 1cm;
(b) 铝-石墨泡沫电池在 4A/g 的充放电曲线;(c) 铝-石墨泡沫电池在 4A/g 的循环 7500 次的循环稳定性;(d) 铝-石墨泡沫电池在 5A/g 充电然后在不同电流密度放电的循环性能,放电电流密度范围为 $100\sim5000mA/g$[30]

压（图 1-7b），并且表现出良好的电化学性能：在 4A/g 电流密度下循环 7500 次，其放电比容量始终维持在 60mAh/g 左右，库伦效率接近 100%（图 1-7c），且具有良好的倍率性能（图 1-7d）。三维结构有利于增加正极的活性位点，缩短离子迁移路程。Hu 等人用商业石墨纤维制备了一种石墨纳米纤维交织而成的具有三维结构的正极材料（GRCSs）[95]。该无胶粘剂、自支撑的三维正极材料表现出优异的电化学性能：当电流密度为 50A/g 时其放电比容量为 95mAh/g 左右，能量密度高达 214Wh/kg。在 10A/g 电流密度下循环 20000次后比容量几乎没有任何衰减。除了纯石墨材料可以作为正极外，氟化天然石墨作为铝电池正极时表现出较高的放电比容量 225mAh/g，但是其库伦效率比较低（75%），且没有明显的充放电平台[96]。此外，焦树强团队用商业碳纸和高纯铝箔制造出了一个工业原型铝电池[97]。该电池在 10mA/g 时能够提供 1.3Ah 的电量，使得一个 LED 灯亮持续 14 小时，而且能维持一个小型赛车正常运行。这个安·时级别的可充铝电池有望在工业应用中得到发展。

戴宏杰团队研究了 SP-1 天然石墨（NG）、人造石墨材料（KS6 和 MCMB）正极的电化学性能[57]。虽然人造石墨材料具有很高的比表面积，但是其放电比容量明显低于天然石墨电极，且没有明显的充放电平台。这是因为 KS6 和 MCMB 具有较低的结晶度和较高的缺陷密度（图 1-8）。这表明高结晶度和低缺陷密度的石墨材料更适合用于高性能铝电池。石墨烯材料因高电导率、大比表面积和优异的机械性能吸引了巨大的关

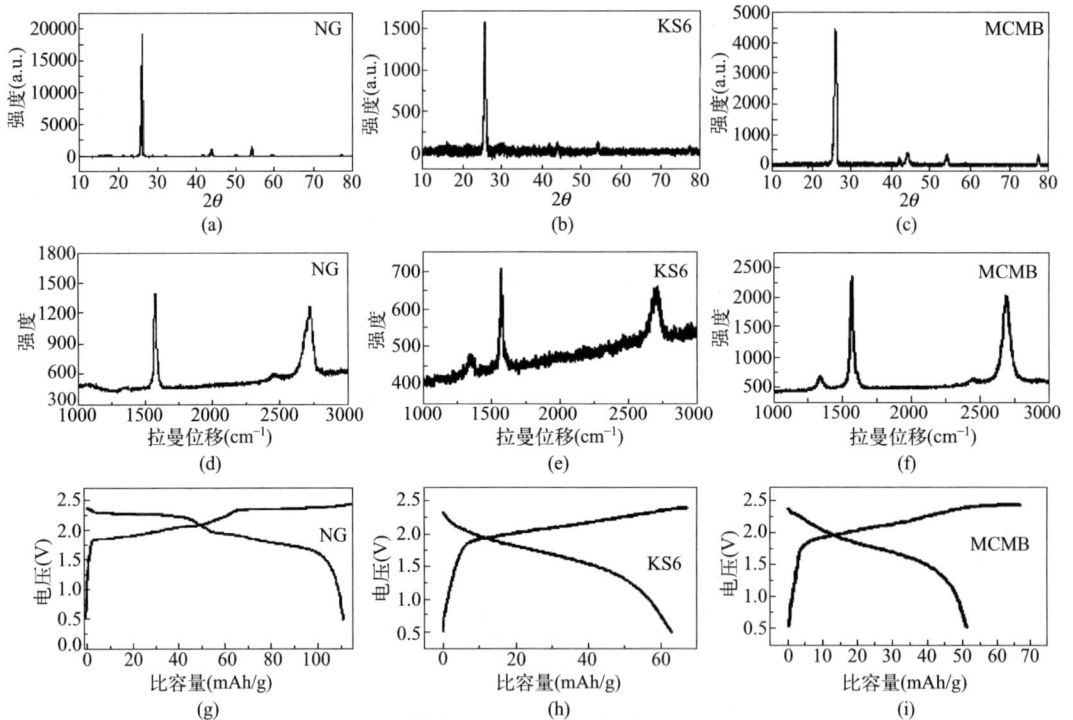

图 1-8　不同商业石墨材料的表征和电化学性能

（a）SP-1 天然石墨的 XRD；（b）KS6 的 XRD；（c）MCMB 的 XRD；（d）SP-1 天然石墨的拉曼光谱；

（e）KS6 的拉曼光谱；（f）MCMB 的拉曼光谱；（g）SP-1 天然石墨的充放电曲线；

（h）KS6 的充放电曲线；（i）MCMB 的充放电曲线[57]

注。它被广泛应用于电子设备、能源存储和复合材料。Zhang 对比研究了不同尺寸的石墨和石墨烯作为铝电池正极的电化学性能[98]。他们发现石墨材料在水平和垂直方向的尺寸对阴离子的嵌入过程是非常重要的。减小垂直方向的尺寸显著促进了阴离子嵌入/脱嵌的动力学和电荷转移能力，增加水平方向的尺寸有利于提高石墨材料的柔韧性从而可以提高循环稳定性。以大尺寸少层石墨烯为正极的铝电池表现出突出的比容量和循环寿命（图 1-9）。

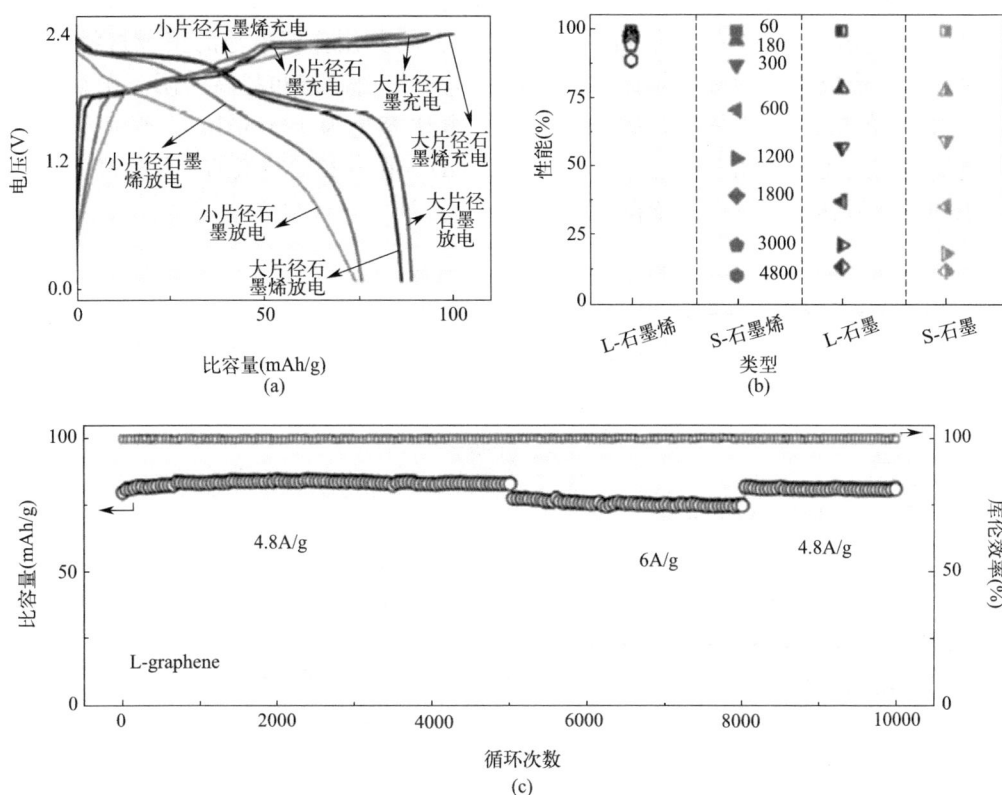

图 1-9　石墨烯和石墨材料正极的电化学性能
（a）大片径石墨烯、小片径石墨烯、大片径石墨、
小片径石墨在 60mA/g 时恒电流充放电曲线；
（b）石墨烯和石墨材料在不同电流密度 60～4800mA/g 时倍率性能；
（c）铝-大片径石墨烯电池在高电流密度的长期循环测试[98]

吴忠帅团队用氧化石墨烯制备了石墨烯凝胶（GA）正极材料[99]。它具有三维交织纳米孔结构，高比表面积和电导率。石墨烯凝胶正极具有优异的电化学性能。为了进一步提高石墨的电导率，他们用电化学剥离方法制备了少层石墨烯（FLG），并将其用作铝电池的正极材料[100]。FLG 电极的放电比容量增大到 101mAh/g。与石墨纸相比，少层石墨烯具有更大的扩散系数和更有利于 $[AlCl_4]^-$ 的嵌入/脱嵌等优点。高超团队制备了一种高结晶度、无缺陷的石墨烯凝胶[60]。它作为铝电池正极时具有很高的放电比容量 100mAh/g（5A/g），并且循环 25000 圈后比容量剩余量仍能保持在 95%

（图 1-10a）。该材料消除了非活性位点从而能够提供更多的活性位点以促进 $[AlCl_4]^-$ 的嵌入。随后，他们又提出了一种"三高三通"（3H3C）的正极设计理念，并且制备了一种新型石墨烯泡沫正极（GF-HC），其在 $-40\sim120℃$ 范围内具有很好的导电性[37]。在 400mA/g 时，电池运行 250000 次后比容量仍维持在 120mAh/g，且库伦效率为 91.75%（图 1-10b）。Yang 等人用化学气相沉积方法制备三维石墨烯网状结构（3D-GMN）的铝电池正极[101]。铝-石墨烯电池在 3000mA/g 倍率下放电比容量仍维持在 56mAh/g。与石墨泡沫相比，3D-GMN 电极具有 6 倍的体积比容量以及等倍的质量比容量。鲁兵安团队制备一种特殊的碳纳米卷，并将其用作铝电池的正极材料[40]。少层石墨烯完全形成中空的碳卷轴，它具有快速电子传输通道和超高的阴离子存储能力（图 1-10c）。在 50000mA/g 时，碳纳米卷的放电比容量为 104mAh/g。循环 55000 次后，电池的剩余比容量几乎接近 100%（图 1-10d）。在 $-25℃$ 较低的工作温度下，电池循环 10000 次后其比容量仍维持在 99.5mAh/g。

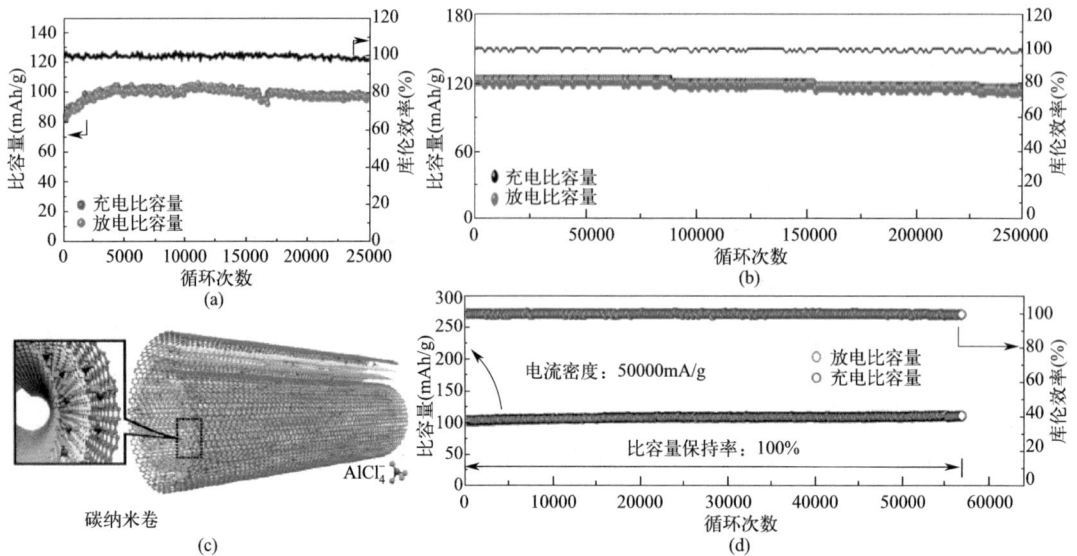

图 1-10　石墨烯正极的电化学性能

(a) GA-3000 在 5A/g 电流密度恒电流运行 25000 次的循环稳定性[60]；

(b) GF-HC 在 100A/g 电流密度恒电流运行 250000 次的循环性能[37]；

(c) 阴离子嵌入碳纳米卷的示意图[40]；(d) 碳纳米卷正极在 50000mA/g

电流密度恒电流运行 55000 次的长期循环性能[40]

综上所述，大多数高性能铝-石墨型电池的正极（比如泡沫、卷、管、花状和片状）的共同特点是三维多孔性，这有利于提高电解液更加充分地浸润电极。多孔特征可以通过自支撑三维结构或宿主支撑结构获得。表 1-2 列举了一些石墨型正极材料的电化学性能[88]。在高电流密度 400A/g，石墨型正极的比容量约为 100mAh/g。不同石墨型正极材料的倍率性能如图 1-11 所示[88]。对于大多数正极，当电流密度超过 10A/g，比容量就会降低至 100mAh/g 以下。与电池其他大多数正极材料一样，可充铝电池的石墨型正极随着电流密度增大其比容量是逐渐减小的。

石墨型正极材料的电化学性能[88,103-106]　　表 1-2

正极	放电电压(V)	电流密度(mA/g)	比容量(mAh/g)	循环	文献
石墨泡沫	1.8	12000	60	4000	34
"3H3C"石墨烯	2	400000	120	250000	37
石墨烯纳米带	1.65	5000	123	10000	38
碳纳米卷	1.45	100	100	6600	40
沸石结构碳		100	178.1	500	42
石墨	2.2、1.7	198	110	6000	57
无缺陷石墨烯	2.3、1.8	5000	100	25000	60
少层石墨烯	2.25、1.78	300	76.5	7000	98
多孔石墨	1.7	10000	104	3000	102
热解石墨	2.25、1.7	4000	60	7500	103
石墨	1.7	500	60	1000	104
石墨	2.3、2	20	70	600	105
碳异质结构		5000	98	2500	106

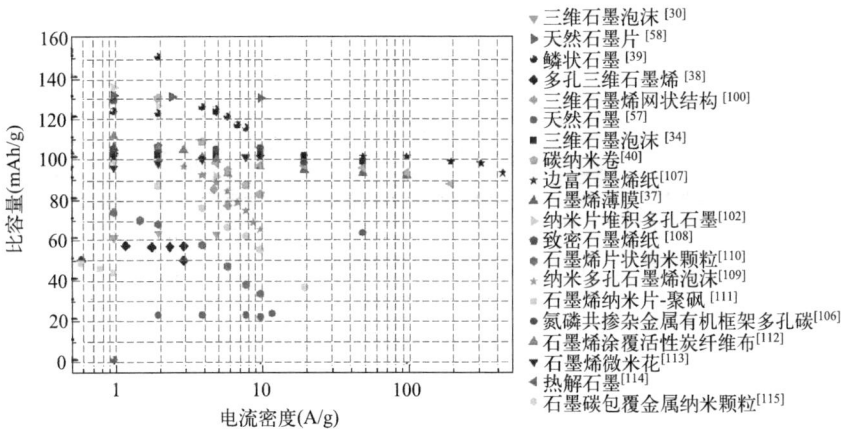

图 1-11　可充铝电池的石墨型正极材料的倍率性能[88]

1.3.3　其他类型的正极材料

除了过渡金属基和碳基正极材料外，还有一些其他类型的电极材料用于可充铝电池的正极材料，比如：普鲁士蓝衍生物（PBAs）[21,115]、二维层状金属碳化物和金属氮化物（MXene）[36]、导电聚合物[12]。

Beidaghi 等人制备了一种二维层状结构的钒-碳化合物（V_2CT_x）用作可充铝电池的正极材料（图 1-12a）[36]。该电池具有较高的放电电压平台，且表现出较好的电化学性能。在 100mA/g 时，其初始的放电比容量超过 300mAh/g（图 1-12b）。嵌入电位和初始比容量是目前嵌入型正极中比较优异的，因此它为可充铝电池的正极研究提供了新的方向。但是在循环过程中比容量缓慢连续地降低，这意味着该类型正极材料还需要更深入地研究以提高其循环稳定性。Shokouhimehr 通过 PBAs 原位生长设计了一些金属纳米颗粒（NPs）作为正极材料（图 1-12c），并成功制备了三种类型的 NPs（Co@C、Fe@C 和 CoFe@C）[115]。当它们作为铝电池的正极材料时，CoFe@C 的放电比容量（372mAh/g）要明显高于 Co@C 和 Fe@C（图 1-12d）。另外，CoFe@C 表现出优异的循环稳定性和较高的库伦效率。这归功于碳包覆的金属 NPs 结构。Stoddart 等人设计了一种具有氧化还原活性的三角形菲-醌基大环结构 PQ-Δ（图 1-12e），该正极材料可以实现可逆的 $[AlCl_2]^+$ 离子的嵌入/脱嵌[43]。PQ-Δ 正极的放电比容量为 94mAh/g，且能够稳定地循环 5000 次。他们进一步将 PQ-Δ 与石墨片混合制成复合电极。这种新型的均一结构材料实现了 $[AlCl_2]^+$ 和 $[AlCl_4]^-$ 双离子的嵌入，将放电比容量和电压平台分别提高到 126mAh/g 和 1.7V（图 1-12f）。

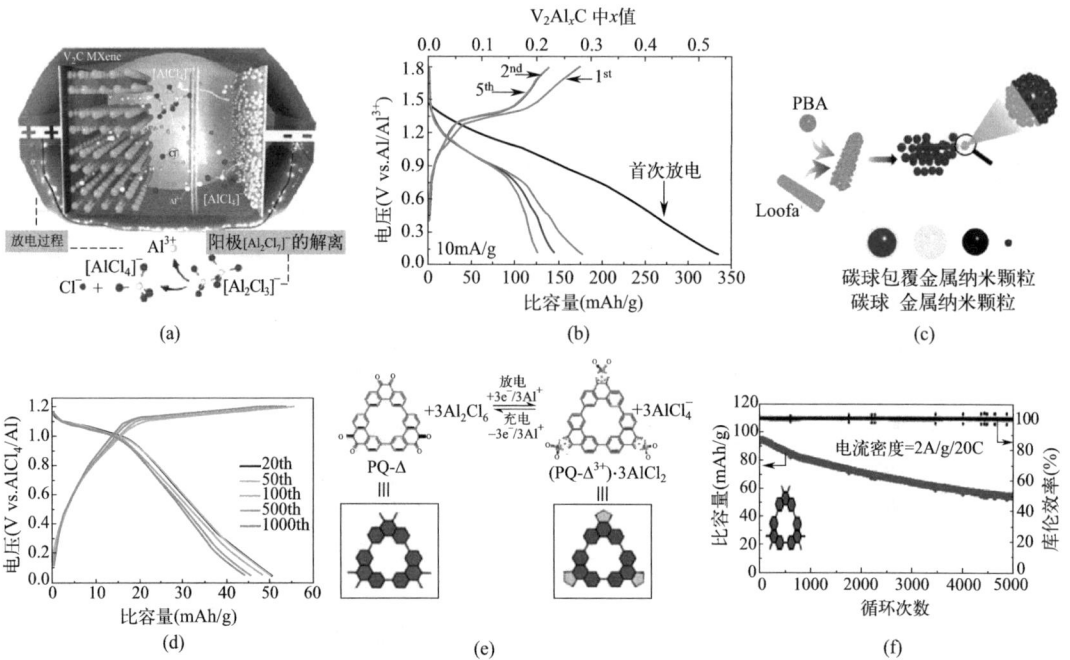

图 1-12　不同正极的电化学性能

(a) 以 V_2CT_x 为正极的铝电池的工作原理阐述图[36]；(b) ML-V_2CT_x 正极初始放电和最后充放电曲线[36]；
(c) 碳包裹金属纳米颗粒的合成[115]；(d) CoFe@C 在 1000mA/g 电流密度充放电电压特征曲线[115]；
(e) PQ-Δ 正极的电化学氧化还原反应以及对应的示意图；(f) PQ-Δ 正极在电流密度 2 A/g 时的循环性能测试

　　图 1-13 为可充铝电池的不同类型正极材料的电化学性能对比图。从图中可知，过渡金属基正极的放电电压普遍比较低，普鲁士蓝类似物和导电有机物的放电电压较高，约为 1.7~2V，但是比容量偏低。碳基材料的放电电压和比容量存在明显的差异，其中石墨泡沫或石墨烯类正极材料是所有正极材料中最优异的，它们同时具有较高的放电电压和比容量。因此，石墨基正极材料是最有潜力应用到可充铝电池中的。

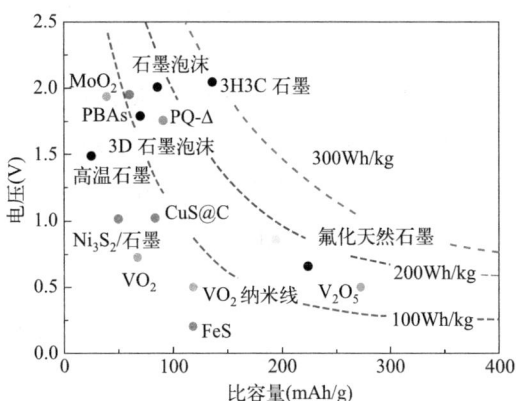

图1-13 可充铝电池的不同类型正极材料的电化学性能的比较

1.4 铝离子电池负极

由于研究者更多关注铝电池的正极材料，目前对铝负极的研究比较少。在前期的铝-石墨型电池的研究中，许多研究者认为金属铝负极上没有"枝晶"现象，甚至还被认为是金属铝作为负极的一大优点[30,32,59,116]。但是，随着对铝电池的深入研究，一些研究者开始关注铝负极的电化学行为以及循环稳定性。高超团队首次在铝电池的金属铝负极中观察到"铝枝晶"，其具有高活性和不安全性特点。他们提出铝电极表面天然氧化膜抑制枝晶的生长，从而提高负极的稳定性[117]。Choi和Lee研究了铝负极在不同酸度的离子液体电解液中的电化学行为和稳定性。结果表明电化学抛光后的铝电极表面更容易被电解液中含铝络合离子腐蚀。该腐蚀过程为接触腐蚀或者电池作用腐蚀。相反，天然铝电极表面的氧化膜保护其不受电解液的腐蚀以及减小了电化学反应面积[118,119]。焦树强团队考虑纯铝的价格和正极反应的不确定性，选择采用低成本的铝合金作为铝电池的负极[120]，并用热解石墨纸为正极，氯化铝-尿素体系为电解液组装铝-石墨型电池。该电池的工作温度为110～130℃，放电电压约为1.9V和1.6V。在电流密度为100mA/g时电池的放电比容量约为94mAh/g。随后，他们又研究了铝负极的电化学变化过程。结果表明，循环过程中铝负极上枝晶的生长要比金属铝的沉积/腐蚀行为严重，这导致了电极表面电流分布不均匀和不均一的离子浓度界面，从而影响电极表面不均匀的变化[121]。Guo等人用泡沫铝取代传统的铝箔作为铝电池的负极。与铝箔负极相比，充放电过程中泡沫铝几乎没有结构断裂，这是因为三维粗糙多孔结构使电极更耐使用[122]。Long等人用多孔铝作为负极以抑制枝晶生长。多孔铝能够提供一个类似固态电解质的离子通道，从而降低局部电流密度。多孔负极能够在一个较大的电流密度范围内稳定循环[123]。铝负极上枝晶的生长会严重影响电池的循环稳定性。因此，如何抑制枝晶的生长是提高铝电池性能需要考虑的一个重要因素，在未来的研究中仍需大量的工作探索合适的方法来有效地抑制"铝枝晶"。

1.5 铝电池离子电解液

氯化铝基室温熔盐用作铝电池电解液的初步探索可以追溯到20世纪80年代。Dymek

用 $AlCl_3$-EMImCl 离子液体组装了原始的铝-铝电池[28]。Gifford 等人用氯化铝-碘化 1,2-二甲基-3-丙基咪唑（$AlCl_3$-DMPrICl）离子液体作为铝电池的电解液，组装了铝-石墨型电池[29]。2011 年，Archer 团队报道了以酸性 $AlCl_3$-EMImCl 离子液体为电解液，研究了 Al-V_2O_5 型电池的电化学行为[12]。这为以后的铝电池的发展提供了基础。直到 2015 年，戴宏杰等人报道了以 $AlCl_3$-EMImCl 离子液体为电解液、热解石墨泡沫为正极的铝-石墨型电池[30]。他们发现 $AlCl_3$/EMImCl 摩尔比的优选范围为 1.3～1.5。这种以酸性氯化铝-咪唑类电解液和石墨型正极材料为基础的可充铝电池表现出优异的电化学性能，因此它的出现推动了铝电池的快速发展。随后，他们首次报道了一种廉价的 $AlCl_3$-urea 类离子液体作为铝电池的电解液[52]。由此电解液组装的铝-石墨型电池表现出较高的放电比容量和循环稳定性。焦树强团队也研究 $AlCl_3$-EMImCl 离子液体和 $AlCl_3$-urea 类离子液体电解液，构建了铝-碳纸型电池[59,124]。由于酰胺类物质具有低成本、易合成等优点，Canever 等人将氯化铝与乙酰胺混合制备 $AlCl_3$-acetamide 类离子液体用于铝-石墨型电池的电解液[53]。虽然酰胺的成本比咪唑低十几倍，但氯化铝-酰胺电解液的性能要比氯化铝-咪唑类差，这与电解液的组分和物理化学性质有关[125]。为了进一步探索低成本、高性能的电解液，高超团队用 $AlCl_3$-Et_3NHCl 离子液体作为铝电池的电解液，它表现出与 $AlCl_3$-EMImCl 电解液相当的电化学性能[54]，且 Et_3HCl 的价格比 EMImCl 低。在随后的研究中，陆续地有关于氯化铝基电解液的报道，如氯化铝-氯化吡啶（$AlCl_3$-PC）[126]、氯化铝-1-三氟乙酰基哌啶（$AlCl_3$-TFAP）[127]、$AlCl_3$-TFAP-LiCl/EMImCl[127]、氯化铝-盐酸三甲胺（$AlCl_3$-TMAHCl）[128]。

无机熔盐电解液具有低价格、高电导率和快电极动力学等优点，且表现出较好的电化学性能。早在 20 世纪七八十年代，有研究者尝试用氯化铝-碱金属氯化物体系作为电解液探索铝电池[25-27]，但是结果都不理想。最近，焦树强团队开发了一种以 $AlCl_3$-NaCl 为电解液的可充铝电池[129]。其放电电压平台为 1.95～1.8V 和 1.2～1.0V。铝-石墨电池在 100mA/g 时放电比容量超过 200mAh/g。在 1000mA/g 时循环 1000 次后放电比容量能够维持在 111mAh/g。但是其工作温度为 120℃。Yu 等人报道了一种温度接近 100℃ 的可充铝电池，采用 $AlCl_3$-LiCl-KCl 熔盐为电解液，石墨纸为正极[55]。该电池在 200mA/g 时放电比容量为 107mAh/g。熔盐电解液最大的挑战就是需要热源。此外，充放电过程产生的焦耳热或者工业过程剩余热量可以用来维持此类电池的工作温度，这也为熔盐电解液的进一步研究提供了新的方向。

一些学者尝试用气凝胶类的电解液来避免氯化铝基电解液的缺点[50,130-134]。Sun 等人报道了用 $AlCl_3$-acrylamide 和 $AlCl_3$-EMImCl 离子液体混合制备的聚合物凝胶电解液[50]。相对于离子液体，该聚合物对水的敏感性很低，且具有较好的金属铝的沉积/溶解过程的可逆性。因此，该电解液有望应用到室温铝电池中。焦树强团队采用类似的方法制备凝胶电解液[133]。在二氯甲烷溶剂中丙烯酰胺发生聚合反应，制备含 $AlCl_3$-EMImCl 的凝胶聚合物电解液，并将其直接涂覆在铝负极上。用该电解液组装的铝-石墨型电池具有很好的稳定性，并且在 $-10℃$ 低温下还具有电化学活性。随后，他们又用 Et_3NHCl 替换 EMImCl 制备了新型凝胶电解液[134]。它表现出超高的电化学性能，能够稳定地循环超过

800 次。Et_3NHCl 基凝胶电解液的阳极电化学窗口具有很高的稳定性，从而提高了电池的性能。Miguel 等人将聚氧化乙烯和氯化铝-尿素混合制备凝胶聚合物。在该电解液中可以实现可逆的铝沉积/溶解行为，并且具有长期稳定性[135]。Wang 等人开发了一种用于高压、非腐蚀的离子液体电解液 $Al(OTF)_3$-[BMIM]OTF[51]。用该电解液组装而成的 $Al-V_2O_5$ 电池的循环稳定性并不理想。

图 1-14 总结了从 2015 年可充铝电池涉及不同类型电解液的文章数[136]。我们可以发现大量的研究主要还是集中在氯化铝-咪唑和氯化铝基室温熔盐。虽然聚合物和无氯类电解液避免了前两类含氯化铝的电解液的一些缺点，比如腐蚀性、对水敏感等。但是，它们作为可充铝电池的电解液时表现出的电化学性能无法满足铝电池进一步发展的要求。虽然含氯化铝的电解液具有某些缺点，但是其作为铝电池的电解液具有显著的优势，目前还没有找到可以替代它的。因此，对含氯化铝的电解液进一步研究仍是十分必要和有意义的。

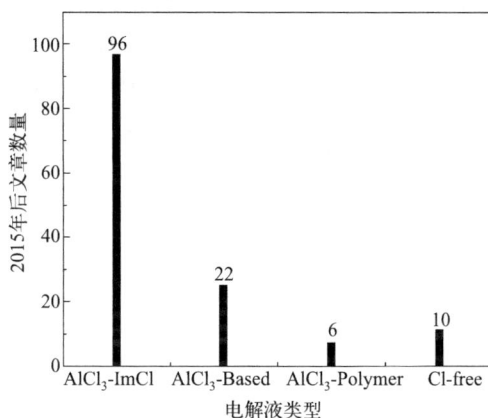

图 1-14　从 2015 年可充铝电池涉及不同类型电解液的文章数[136]

1.6　研究目标与内容

综上所述，以石墨型正极、氯化铝基电解液为基础的可充铝电池是具有前景的储能装置，有望在商业中得到应用。但是，目前高电化学性能的石墨型正极的制备工艺比较复杂，成本高或者能耗高。大量的研究工作表明三维层状空间结构材料更适合作为未来铝-石墨型电池的正极。研究最广泛的三种氯化铝基电解液 $AlCl_3$-EMImCl/acetamide/urea 在铝-石墨型电池中的应用具有各自的优缺点：$AlCl_3$-EMImCl 体系的电导率高、比容量高，但是成本高、对水极易敏感；$AlCl_3$-acetamide/urea 体系的价格便宜、易制备，但是比容量低、电导率低。考虑生产成本的因素，氯化铝-酰胺体系仍具有很大的潜力，但是必须要弥补其缺点。此外，金属铝负极的电化学循环稳定性也是影响铝-石墨型电池性能的一个重要因素。循环过程中铝负极上存在的铝枝晶会严重影响电池的循环寿命，甚至是电池的安全性。本书借鉴现有铝电池的研究成果，探索和寻找一种综合性能优异的石墨型正极，选择合适的电解液添加剂改善电解液的物理化学性质和抑制铝负极上的枝晶以提高电池的电化学性能。本书的研究内容如下：

（1）为进一步提高基于氯化铝基电解液的铝电池的电化学性能，对具有潜力的 $AlCl_3$-EMImCl/acetamide/urea 电解液的物理化学性质进行优化。研究含一系列添加剂的氯化铝基电解液的物理化学性质，包括熔盐结构、密度、黏度、电导率、铝沉积/溶解过程、电化学窗口，为提高电解液的性能提供基础数据。

（2）对于石墨型正极在铝电池中的应用，提出一种制备超声石墨薄片@碳纤维布复合正极（u-GF@CFC）的简单工艺。研究 u-GF@CFC 作为铝电池正极的电化学性能。通过非原位 XRD、SEM、Raman 和 XPS 等表征手段对充放电前后电极的结构、表面形貌进行分析。

（3）目前的研究中关于电池反应机理的实验设备及光谱采集信息尚不明确或不完整，本书自主设计和开发一套成本低、便于装卸的原位拉曼实验装置用于研究正极电化学反应机理，并为研究铝电池的石墨型正极的反应机理提供了详细的光谱采集技术参数。

（4）对比研究三种氯化铝基电解液（$AlCl_3$-EMImCl/acetamide/urea）及电解液添加剂对铝负极循环稳定性、铝-石墨型电池电化学性能的影响，探索电解液在铝-石墨型电池中的作用机理，综合评价三种电解液在铝-石墨型电池中的优缺点。为开发低成本、高性能铝-石墨型电池提供基础研究。

第 2 章

氯化铝基电解液的物理化学性质

2.1 引言

氯化铝基室温熔盐因具有较高的铝沉积/溶解可逆性而被广泛用作可充铝电池的电解液。目前，常用的氯化铝基电解液为氯化铝-氯化咪唑和氯化铝-酰胺体系。本章主要针对氯化铝-酰胺基（尿素、乙酰胺、丙酰胺、丁酰胺）室温熔盐体系，在 $313\sim373K$ 温度范围内，对其密度和电导率与温度、摩尔比之间的关系进行探究，并进行摩尔体积和摩尔电导率的计算，通过数据分析阐明组分对熔盐体系内部导电性、结构的影响规律，以得到电导率较好的一组室温熔盐体系。另外本章借助了拉曼光谱仪对熔盐体系内部的结构进行了测定，帮助理解和分析室温熔盐的物理性质。

氯化铝-氯化咪唑电解液的电导率高、黏度低。而氯化铝-酰胺电解液的黏度高，电导率比较低，但是其价格便宜，合成简单，且对水相对不敏感，因此具有很好的研究潜力。此外，从上述两类体系中电沉积所得铝镀层存在枝晶。这不利于铝镀层应用于表面修饰领域，更不利于铝电池的安全性和循环稳定性。添加剂常被用来改善电解液的物理化学性质以及镀层质量。因此，研究含添加剂的氯化铝基电解液物理化学性质不仅对理解室温熔盐的结构-性质关系至关重要，而且为铝电镀和高性能的铝电池提供重要的工程数据。因此，本章中选择三种常用的氯化铝基电解液［氯化铝-氯化 1-乙基-3-甲基咪唑（AlCl$_3$-EMImCl）、氯化铝-乙酰胺（AlCl$_3$-acetamide）、氯化铝-尿素（AlCl$_3$-urea）］作为对象，研究含不同碱金属卤化物或有机物添加剂的氯化铝基电解液的物理化学性质，包括熔盐结构、密度、黏度、电导率和电化学行为。碱金属卤化物［氯化锂（LiCl）、氯化钠（NaCl）、溴化锂（LiBr）、溴化钠（NaBr）］和有机物［碳酸乙烯酯（EC）、四氢呋喃（THF）、1,2-二氯乙烷（DCE）］，具有较小的阴阳离子半径或者较大的介电常数。由于 EMImCl 的离子液体特性，又考虑把 EMImCl 作为氯化铝-酰胺（AlCl$_3$-Amide）电解液的添加剂。

2.2 实验部分

2.2.1 实验试剂、仪器和设备

本实验中所用的主要试剂及材料见表 2-1。实验中所用的化学试剂需要进行真空干燥

处理，干燥处理后的试剂以及其他无水试剂均储存在充满高纯氩气的手套箱中备用，手套箱中水氧含量均小于 0.1×10^{-6}。预处理条件见表 2-2。

实验中所用到的试剂及材料　　表 2-1

试剂	纯度	生产厂家
氯化 1-乙基-3-甲基咪唑	99%	中科院兰州化学物理所
	>99%	Sigma-Aldrich
乙酰胺	99%	国药集团试剂有限公司
尿素	99%	国药集团试剂有限公司
无水氯化铝	99%	Aladdin
	99.99%	Sigma-Aldrich
氯化锂	>99%	Aladdin
氯化钠	99.5%	Aladdin
溴化锂	99%	Aladdin
氯化钾	99.997%	Alfa Aesar
溴化钠	99%	Aladdin
碳酸乙烯酯	>99%	Aladdin
四氢呋喃	>99.5%	Aladdin
1,2-二氯乙烷	99%	Aladdin
无水乙醇	99.7%	国药集团试剂有限公司
二甲基硅油 H201-500	99%	国药集团试剂有限公司
钨丝	99.99%	国药集团试剂有限公司
镍丝	99.99%	国药集团试剂有限公司

实验试剂的预处理　　表 2-2

化学试剂	真空干燥的温度及时间控制
氯化锂	393K(>72h)
氯化钠	393K(>72h)
溴化锂	393K(>72h)
溴化钠	393K(>72h)
乙酰胺	333K(>72h)
尿素	383K(>72h)
氯化 1-乙基-3-甲基咪唑(99%)	333K(>72h)

本实验中所用到的主要实验仪器和设备型号及生产厂家见表 2-3。

实验所用主要仪器　　表 2-3

仪器名称	型号	生产厂家
电化学工作站	CHI660E	上海辰华仪器有限公司
手套箱	MB 200B	德国布劳恩

20

仪器名称	型号	生产厂家
电子天平	CP313	美国奥豪斯
智能数显磁力加热板	ZNCL-BS	北京世纪华科实验仪器有限公司
安捷伦阻抗仪	4263B LCR METER	美国安捷伦公司
电热恒温油槽	DKU-30	上海精宏实验设备有限公司
−95°冷阱	TH-95-15-K	北京天地精仪科技有限公司
微型计算机	启天 M5400	联想(北京)有限公司
电阻真空计	ZDR-I	成都正华电子仪器有限公司
真空泵	DM4	上海慕泓真空设备有限公司
电阻规	ZJ-52T/KF10/16	成都正华电子仪器有限公司
拉曼光谱仪	LabRAM HR 800	法国 Horiba Jobin Yvon

2.2.2　电解液的配制

按照一定摩尔比称取相应质量的 $AlCl_3$ 和 EMImCl/acetamide/urea，将后者多次少量加入氯化铝中并用玻璃棒迅速搅拌，待完全混合后用磁力搅拌至形成均匀清澈的液体。然后，将一定量的碱金属卤化物或有机物（摩尔分数 5%）作为添加剂加入上述电解液中，磁力搅拌直至添加剂完全溶解形成均匀的液体。

电解液的纯化处理：取少量的铝箔放入上述配制好的电解液中，在 393K 时磁力搅拌 12h，然后静置过滤得到纯化的电解液。

熔盐的物理化学性质是所研究体系的一个工程基础数据，它为熔盐体系的实际应用提供指导意义，因此需要其物理化学性质的数据可靠准确。氯化铝基室温熔盐作为铝电池的电解液或者电镀铝的支撑电解质在实际应用中具有较大的潜力。成本是一个必须要考虑的因素。因此，研究了采用不同生产商原料（表 2-4）配制的摩尔比为 1.2 的两种离子液体（A 和 B）在不同温度时的电导率，并且计算了在不同温度下两种电解液电导率之间的差距，见表 2-5。结果表明，电解液 B 的电导率稍高于电解液 A，这是由于电解液 B 的原料纯度稍高。电解液 B 的电导率没有明显地高于电解液 A，但是前者的原料价格是后者的 65 倍左右。从成本角度考虑，电解液 B 没有表现出显著的优势。

配制电解液的原料来源　　表 2-4

电解液	试剂来源		价格(元)(1mL 电解液的成本)
	氯化铝	氯化 1-乙基-3-甲基咪唑	
A	Aladdin	中科院兰州化学物理所	2.03
B	Sigma-Aldrich	Sigma-Aldrich	131.53

电解液 A 和 B 的电导率　　表 2-5

	σ(mS/cm)						
	313K	323K	333K	343K	353K	363K	373K
A	25.18	30.22	35.19	41.64	47.12	52.78	58.66
B	25.46	30.50	35.68	41.91	47.55	53.34	58.93
误差(%)	1.11	0.93	1.39	0.65	0.91	1.06	0.46

2.2.3 拉曼光谱的测试

在手套箱内，将配制好的电解液密封在一个"L"形的石英管内，避免在测试过程中造成电解液与空气的接触。拉曼光谱测试采用波长为 632.8nm 的 He-Ne 激光，其功率为1.7mW。实验装置如图 2-1 所示。

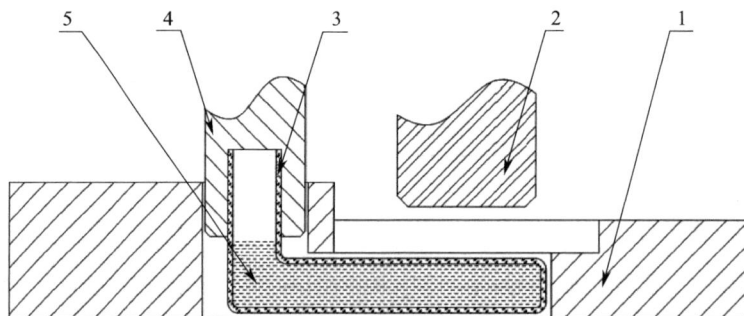

图 2-1　拉曼光谱测试装置图

1—固定底座；2—拉曼光谱仪用镜头；3—"L"形石英管；4—单向卡套接头；5—待测电解液

2.2.4 密度的测定

采用阿基米德方法测定含碱金属卤化物或有机物的 3 种氯化铝基电解液（$AlCl_3$-EMImCl/acetamide/urea）的密度[137]。温度测试范围为 313~373K。实验装置如图 2-2所示。测量待测液体密度之前，通过 293K 时乙醇液体测得铂球的体积，然后用去离子水标定铂球的体积，其误差小于 0.1%。因为实验温度不高于 373K，铂球的热膨胀系数可以忽略不计。待测液体的密度可用式(2-1) 计算：

$$\rho = \frac{M_1 - M_2}{V} \tag{2-1}$$

式中　M_1——铂球浸入待测液体前的质量，g；

　　　M_2——铂球浸入待测液体后的质量，g；

　　　ρ——待测液体的密度，g/cm^3；

　　　V——铂球的体积，cm^3。

用上述方法测得室温下无水乙醇密度，与文献值误差小于 1%，如表 2-6 所示，因此该方法是可靠的。

300K 时无水乙醇（纯度 99.7%）的密度　　　　　表 2-6

标准值(g/cm^3)	实验值(g/cm^3)	误差(%)
0.784	0.7845	0.064
	0.7837	−0.038

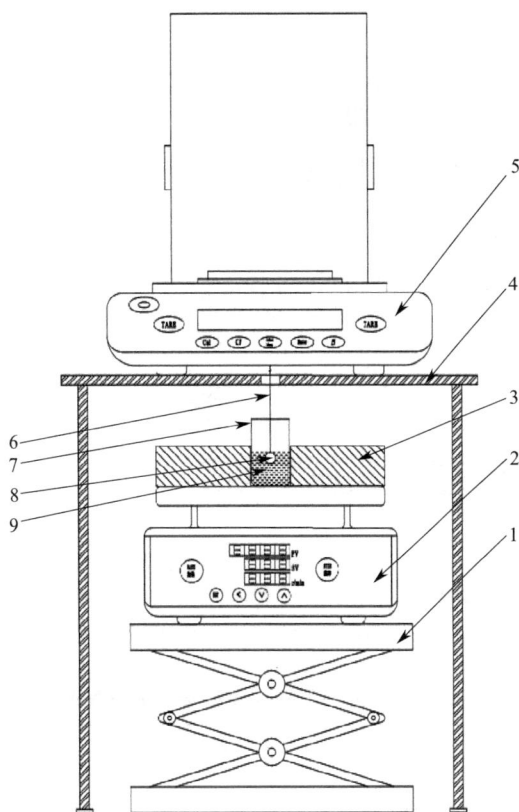

图 2-2　密度测定实验装置图

1—升降台；2—智能数显磁力加热板；3—保温棉；4—支架台；5—电子天平；

6—铂丝；7—烧杯；8—铂球；9—待测电解液

2.2.5　黏度的测定

在手套箱内，采用毛细管法测定含碱金属卤化物或有机物的 3 种氯化铝基电解液（AlCl₃-EMImCl/acetamide/urea）的黏度[138]。温度测试范围为 313～373K。如图 2-3 所示，实验装置由玻璃毛细管黏度计、搅拌桨和恒温油浴槽组成。通过测量在重力作用下一定体积的液体流过毛细管的时间来计算待测液体的黏度。黏度和时间之间的关系可以表述为：

$$\eta = C\rho t \tag{2-2}$$

式中　η——待测液体的黏度，$mPa \cdot s$；

$\quad\quad C$——黏度计常数，mm^2/s；

$\quad\quad \rho$——待测液体的密度，g/cm^3；

$\quad\quad t$——记录的时间，s。

通过本实验装置测量了氯化铝-氯化 1-丁基-3-甲基咪唑（AlCl₃-BMImCl）体系的黏度，见表 2-7。与文献中该体系黏度值进行对比，误差在允许范围内，所以该实验方法行之有效，可进行后续实验。

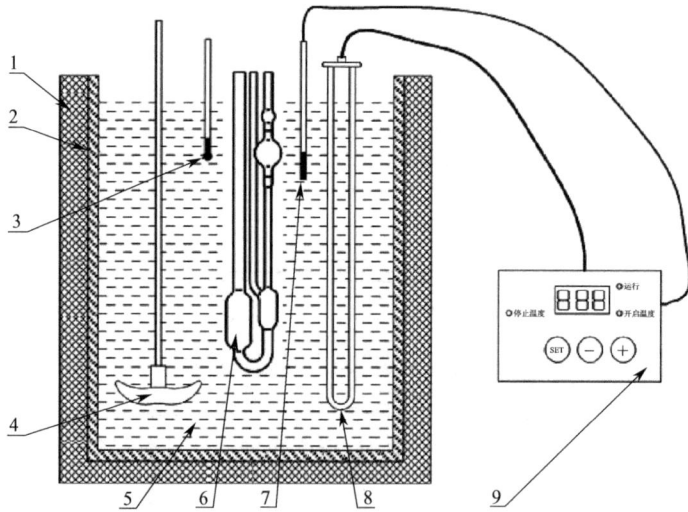

图 2-3　黏度测定实验装置图

1—保温棉；2—石英槽；3—温度计；4—搅拌桨；5—二甲基硅油；6—乌氏黏度计；

7—温度传感器；8—加热棒；9—微电脑智能温控器

氯化铝-氯化 1-丁基-3-甲基咪唑体系黏度　　　　　　　　　　　表 2-7

$T(K)$	$\eta(mPa \cdot s)$		误差（%）
	测量值	文献值	
313	18.044	18.10	0.3084
323	14.292	14.15	1.0006
333	11.560	11.49	0.6071
343	9.531	9.63	0.9903

2.2.6　电导率的测定

在手套箱内，采用毛细管阻抗法测定含碱金属卤化物或有机物的 3 种氯化铝基电解液（AlCl$_3$-EMImCl/acetamide/urea）的电导率[139]。温度测试范围为 313～373K。实验装置如图 2-4 所示。待测液体的电阻通过安捷伦阻抗仪测得，其固定频率为 1000Hz，电压为 1V。电导率通过式（2-3）计算：

$$\sigma = \frac{K}{R} \qquad (2-3)$$

式中　σ——待测液体的电导率，mS/cm；

　　　K——电导池常数，cm^{-1}；

　　　R——测得液体的电阻，kΩ。

用 0.1mol/L 的 KCl 溶液测得电导池常数，并用 1mol/L 的 KCl 溶液校准其常数，其误差小于 0.5%。

采用此方法测量 AlCl$_3$-acetamide（摩尔比 1.3）体系的电导率，见表 2-8。与文献值进行比较，误差在允许范围内，因此可以使用该装置进行实验。

氯化铝-乙酰胺（摩尔比 1.3）体系的电导率　　　　表 2-8

T（K）	σ（mS/cm）		误差（%）
	测量值	文献值	
313	2.35	2.34	0.43
323	3.15	3.12	0.96
373	9.46	9.48	−0.21

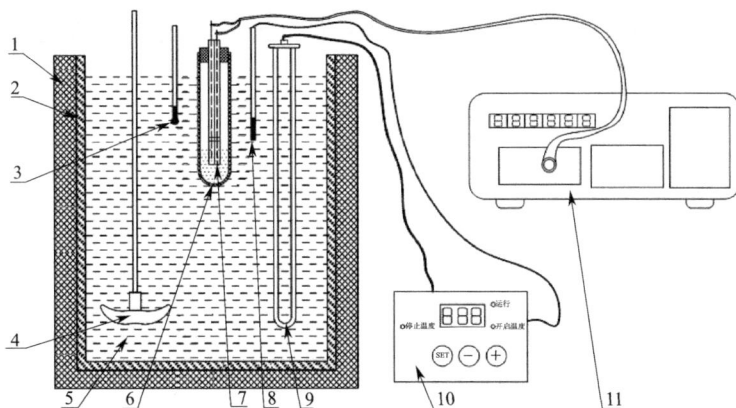

图 2-4　电导率测定实验装置图

1—保温棉；2—石英槽；3—温度计；4—搅拌桨；5—二甲基硅油；6—石英管；7—电导池；
8—温度传感器；9—加热棒；10—微电脑智能温控器；11—安捷伦阻抗仪

2.2.7　电化学行为的测试

采用循环伏安和线性伏安测试对氯化铝基电解液在金属电极上铝的沉积/溶解行为和阳极极限电位进行研究。实验装置如图 2-5 所示。测试采用三电极体系：在 25℃下，高纯钨丝或镍丝（ϕ1mm，99.99%）作为工作电极，高纯铝丝（ϕ1mm，99.99%）和铝片

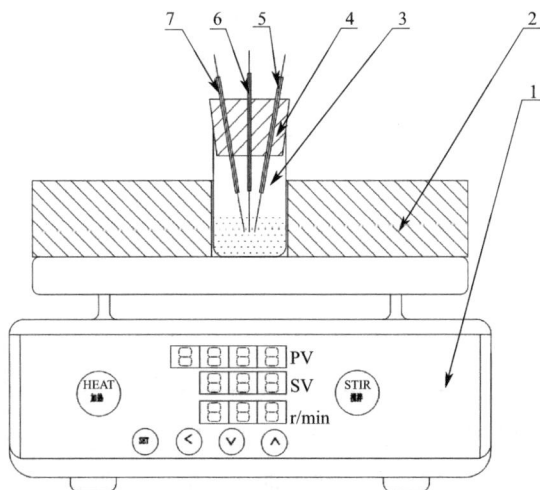

图 2-5　电化学测试实验装置图

1—智能数显磁力加热板；2—保温棉；3—烧杯；4—橡胶塞；5—对电极；6—工作电极；7—参比电极

（10mm×15mm，99.99%）分别作为参比电极和对电极。扫描速率为 10mV/s。所有电极均用砂纸打磨，用无水乙醇清洁，然后在使用前干燥。

目前，大多数可充铝电池研究中常采用金属作为集流体。但是，由于氯化铝基电解液具有较强的腐蚀性，我们发现在氯化铝基电解液中金属镍的电化学溶解电位比较负。另外，可充铝电池在较小的电流密度下充放电运行时很容易出现因为金属镍的溶解/沉积引起的充放电平台，这严重影响了电池正常的电化学测试以及高工作电压的需求。因此，考察了金属镍和钨在不同原料来源的氯化铝基电解液（表 2-9）中的阳极电化学行为，其线性伏安曲线（LSVs）如图 2-6 所示。

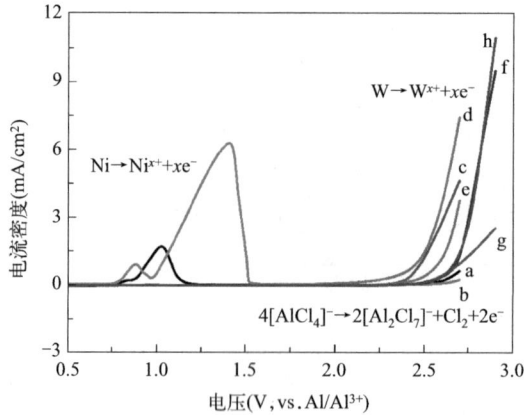

图 2-6　金属镍和钨在不同氯化铝基电解液中的线性伏安曲线，扫描速率为 10mV/s

配制电解液的原料来源　　　　　　　　　　　　　　　　　　　　表 2-9

电解液	试剂来源			摩尔比
	氯化铝	氯化 1-乙基-3-甲基咪唑	乙酰胺	
C	Aladdin	中科院兰州化学物理所		1.3
D	Aladdin		国药集团试剂有限公司	1.3
E	Sigma-Aldrich	Sigma-Aldrich		1.3

线性伏安曲线 a～h 对应的电解液和研究电极　　　　　　　　　　表 2-10

LSVs	研究电极	电解液	电解液预处理
a	Ni	C	否
b	Ni	D	否
c	W	C	否
d	W	D	否
e	W	E	否
f	W	C	是
g	W	D	是
h	W	E	是

图 2-6 中各线性伏安曲线所对应的电解液和研究电极见表 2-10。从 AlCl$_3$-EMImCl 和 AlCl$_3$-acetamide 电解液中金属镍的线性伏安曲线（曲线 a 和 b）可知，在 0.75～1.5V 之间存在明显的氧化电流，这对应金属镍的电化学氧化。AlCl$_3$-acetamide 电解液中金属镍的氧化电流明显高于其在 AlCl$_3$-EMImCl 中的氧化电流，这表明金属镍在 AlCl$_3$-acetamide 电解液中更容易被氧化。另外，在 2.5V 附近出现较小的氧化电流，对应电解液发生分解反应产生氯气的过程。曲线 c 和 d 分别为金属钨在 AlCl$_3$-EMImCl 和 AlCl$_3$-acetamide 电解液中的线性伏安曲线，其起始氧化电位分别为 2.4V 和 2.1V。显然地，在酸性氯化铝基电解液中金属钨比镍更耐电化学腐蚀。曲线 e 为金属钨在电解液 E（试剂纯度较高）中的电化学行为，可以发现其起始氧化电位（2.45V）稍正于曲线 c 中的电位。进一步，金属钨在 3 种经纯化处理后的电解液中的起始还原电位均在 2.5V 左右（曲线 f、g、h），该值接近于电解液的分解电位。这表明纯化处理有利于提高钨在 AlCl$_3$-EMImCl 和 AlCl$_3$-acetamide 电解液的阳极极限电位，并且与更高纯度试剂配制的电解液没有明显差距。结合前述电解液 A 和 B 的电导率研究，采用纯化方法处理低纯度试剂制备的电解液可以使其达到高纯度试剂的性能。因此，本书研究中采用常规纯度（99%）、价格便宜的试剂配制的电解液，且采用金属钨作为铝电池的集流体以提高电池的充电截止电压。

2.3　氯化铝-酰胺电解液的物理化学性质

本节主要在 313～373K 温度范围内测定氯化铝-酰胺基（尿素、乙酰胺、丙酰胺、丁酰胺）熔盐体系的密度、电导率数据。四种酰胺体系的二元组分摩尔比不完全相同，以形成澄清透明的液体为前提。基于实验结果分析温度、摩尔配比对密度、电导率和摩尔电导率的影响规律。

2.3.1　氯化铝-酰胺电解液的密度

在 313～373K 温度范围内，采用阿基米德法测得的氯化铝-酰胺基熔盐 20 组不同摩尔比组分的密度实验结果列于表 2-11。

将表 2-11 中的数据绘制成密度与温度的关系图（图 2-7）。从图 2-7 中可以看出各个组分的密度实验结果与温度呈现出良好的线性关系，采用最小二乘法拟合可得到密度与温度的关系式，符合经验方程式(2-4)。公式中的各项参数列于表 2-12。

$$\rho = a + bT \tag{2-4}$$

式中　a——拟合参数，g/cm^3；

$\qquad$ b——拟合参数，g/(cm^3·K)；

$\qquad$ T——温度，K。

氯化铝-酰胺基熔盐在不同温度下的密度　　　　　　　　　　表 2-11

组分（摩尔比）	密度 ρ(g/cm^3)						
	313K	323K	333K	343K	353K	363K	373K
氯化铝-乙酰胺							
1.0∶1	1.4598	1.4510	1.4427	1.4351	1.4273	1.4199	1.4129
1.1∶1	1.4708	1.4612	1.4520	1.4432	1.4351	1.4270	1.4193
1.3∶1	1.4944	1.4841	1.4738	1.4649	1.4567	1.4485	1.4404
1.4∶1	1.5041	1.4940	1.4846	1.4754	1.4661	1.4578	1.4490
1.5∶1	1.5175	1.5076	1.4986	1.4896	1.4811	1.4729	1.4641

续表

组分(摩尔比)	密度 ρ(g/cm³)						
	313K	323K	333K	343K	353K	363K	373K
氯化铝-丙酰胺							
1.0:1	1.3994	1.3889	1.3776	1.3676	1.3578	1.3481	1.3382
1.1:1	1.4106	1.4018	1.3925	1.3822	1.3721	1.3641	1.3547
1.3:1	1.4429	1.4337	1.4241	1.4139	1.4001	1.3907	1.3818
1.5:1	1.4690	1.4592	1.4481	1.4355	1.4238	1.4128	1.4056
1.7:1	1.4765	1.4647	1.4548	1.4451	1.4353	1.4259	1.4170
氯化铝-丁酰胺							
1.0:1	1.3336	1.3250	1.3162	1.3082	1.3004	1.2915	1.2828
1.1:1	1.3546	1.3442	1.3346	1.3273	1.3202	1.3101	1.3003
1.3:1	1.3795	1.3709	1.3625	1.3537	1.3440	1.3331	1.3209
1.5:1	1.4051	1.3970	1.3883	1.3802	1.3716	1.3634	1.3545
1.7:1	1.4289	1.4195	1.4105	1.4016	1.3928	1.3832	1.3725
氯化铝-尿素							
1.2:1	—	—	1.5606	1.5522	1.5443	1.5352	1.5275
1.3:1	—	—	1.5721	1.5635	1.5551	1.5463	1.5380
1.4:1	—	—	1.5860	1.5774	1.5684	1.5599	1.5508
1.5:1	—	—	1.5921	1.5823	1.5728	1.5624	1.5534
1.7:1	—	—	1.5932	1.5846	1.5757	1.5656	1.5546

氯化铝-酰胺基熔盐密度与温度经验方程的拟合参数 表 2-12

组分(摩尔比)	$\rho=a+bT$(g/cm³)		ρ_{333K}	R^2	温度范围(K)
	a	$-b\times10^4$			
氯化铝-乙酰胺					
1.0:1	1.7028	7.7923	1.4433	0.9985	313~373
1.1:1	1.7377	8.5586	1.4527	0.9981	313~373
1.3:1	1.7728	8.9409	1.4751	0.9966	313~373
1.4:1	1.7898	9.1516	1.4851	0.9991	313~373
1.5:1	1.7931	8.8322	1.4990	0.9992	313~373
氯化铝-丙酰胺					
1.0:1	1.7174	10.200	1.3777	0.9992	313~373
1.1:1	1.7054	9.4116	1.3920	0.9991	313~373
1.3:1	1.7717	10.500	1.4221	0.9964	313~373
1.5:1	1.8125	11.000	1.4462	0.9957	313~373
1.7:1	1.7835	9.8499	1.4555	0.9983	313~373

组分（摩尔比）	$\rho=a+bT\,(\mathrm{g/cm^3})$		$\rho_{333\mathrm{K}}$	R^2	温度范围（K）
	a	$-b\times10^4$			
氯化铝-丁酰胺					
1.0∶1	1.5963	8.3972	1.3167	0.9996	313～373
1.1∶1	1.6282	8.7710	1.3361	0.9962	313～373
1.3∶1	1.6824	9.6307	1.3617	0.9940	313～373
1.5∶1	1.6687	8.4176	1.3884	0.9999	313～373
1.7∶1	1.7191	9.2671	1.4105	0.9990	313～373
氯化铝-尿素					
1.2∶1	1.8376	8.3187	1.5606	0.9994	333～373
1.3∶1	1.8570	8.5542	1.5721	0.9999	333～373
1.4∶1	1.8789	8.7921	1.5861	0.9999	333～373
1.5∶1	1.9166	9.7436	1.5921	0.9996	333～373
1.7∶1	1.9141	9.6151	1.5939	0.9962	333～373

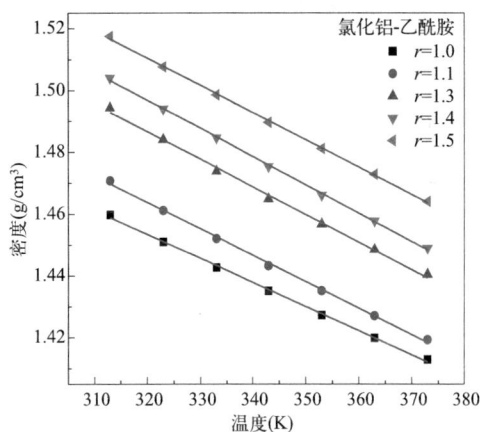

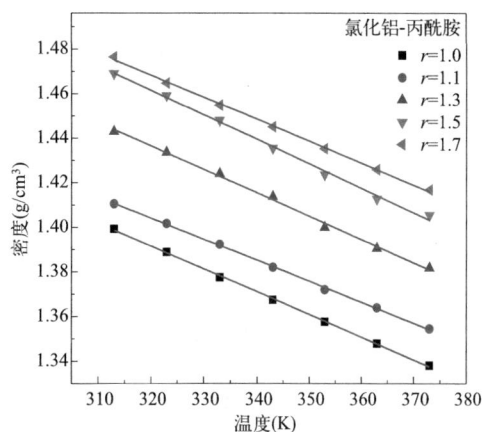

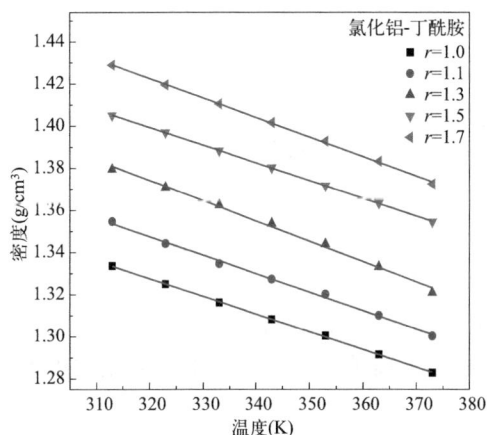

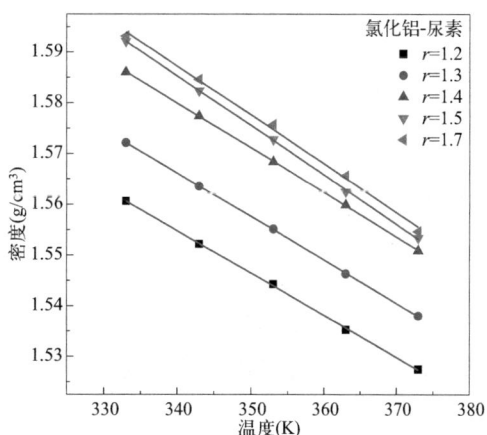

图 2-7　氯化铝-酰胺基熔盐密度与温度的关系图

（a）氯化铝-乙酰胺；（b）氯化铝-丙酰胺；（c）氯化铝-丁酰胺；（d）氯化铝-尿素

结合图 2-7 和表 2-11 分析可以发现：氯化铝-酰胺基熔盐的密度随着温度的升高而下降。这主要是因为在较高温度下，体系中粒子的热运动比较剧烈，分子间距增大，体积的堆积效应减弱，导致单位体积内的粒子数目较小，密度下降。

在相同的温度下，随着氯化铝的添加，氯化铝-酰胺基熔盐体系的密度呈现增长趋势。我们知道纯氯化铝的密度比本书中任何一种酰胺都要大，所以氯化铝的摩尔分数的增加使得整个体系的密度增加是必然的现象。但是我们发现在氯化铝-尿素体系中（图 2-8），当氯化铝含量较高时，体系的密度增加的趋势很缓慢，这种轻微的偏离趋势可能是因为熔盐内部结构发生了变化。另外室温熔盐体系的密度主要受到阴阳离子尺寸、类型等因素的影响，特别是阴离子对室温熔盐体系的密度影响较大。也就是说体系中阴离子的尺寸越大，密度越大；而阳离子的影响规律相反[140]。熔盐体系内部结构变化的部分将在后续拉曼光谱图中给出说明。

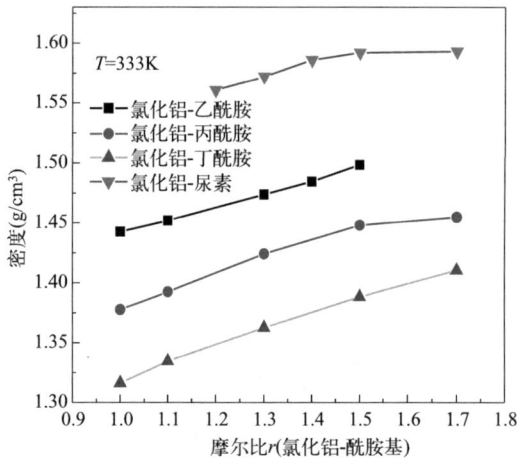

图 2-8　333K 下氯化铝-酰胺基熔盐
密度与摩尔比的关系

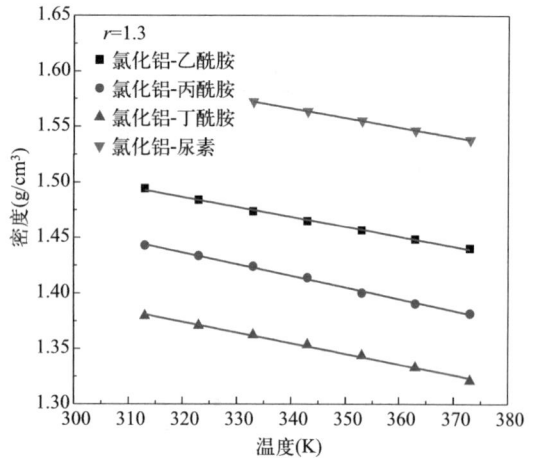

图 2-9　氯化铝-酰胺基熔盐密度与
酰胺类型的关系

在同一摩尔比的条件下，各体系的密度大小遵循以下顺序（图 2-9）：氯化铝-尿素＞氯化铝-乙酰胺＞氯化铝-丙酰胺＞氯化铝-丁酰胺。这可能是因为[141-144]：

（1）摩尔比相同时体系中的阴离子类型不变，而阳离子类型不同，由于不同的酰胺类型造成了体系中的阳离子结构不同，阳离子上的烷基链长度越长，其阳离子的尺寸越大，密度越小；

（2）在不同的酰胺类型中，分子的尺寸越小，对称性越好，单位体积内的排列越紧密，越有利于体系中离子的排列，密度越大；

（3）尿素结构中多出的一个氨基使得氯化铝-尿素体系中的氢键多于其他酰胺体系，氢键的存在加强了体系内部离子间的作用力，缩小了离子间距，使得单位体积的离子数目增多，密度增大。

为了更全面深入地理解熔盐所具有的物理性质，本书采用拉曼光谱图确定 4 种氯化铝-酰胺基熔盐内部的结构变化。如图 2-10 所示，在 $r=1.0$ 时体系中只有 $[AlCl_4]^-$ 阴离子（氯化铝-尿素体系除外，为 $r=1.2$），约对应于位移 $347cm^{-1}$。随着氯化铝的添加，即

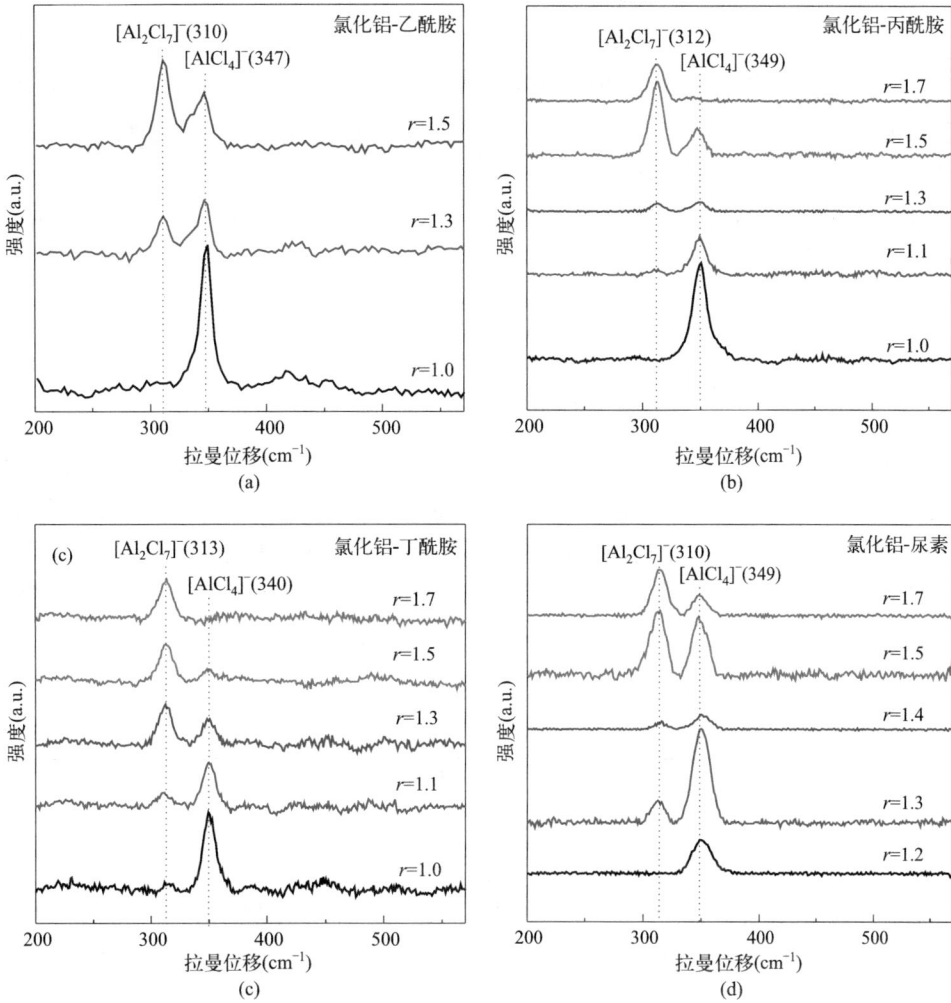

图 2-10　氯化铝-酰胺基熔盐在 333K 下的拉曼光谱图

（a）氯化铝-乙酰胺；（b）氯化铝-丙酰胺；（c）氯化铝-丁酰胺；（d）氯化铝-尿素

$r>1.0$，体系中开始出现 $[Al_2Cl_7]^-$ 阴离子，约对应于位移 $310cm^{-1}$。氯化铝继续添加将使得体系中的 $[AlCl_4]^-$ 阴离子数目下降，$[Al_2Cl_7]^-$ 阴离子数目增加，最后体系内部只剩下 $[Al_2Cl_7]^-$ 阴离子，如图 2-10（b）、（c）中 $r=1.7$[145,146]。根据文献中提到的氯化铝-尿素和氯化铝-乙酰胺体系属于配位化合物液体（LCCs），在这种体系中存在如下反应平衡[61]：

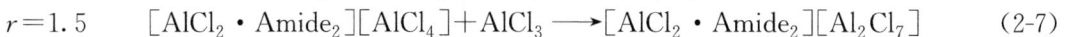

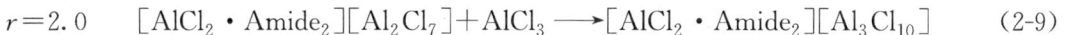

$r=1.0$ 　　　　　$2AlCl_3+2Amide \longrightarrow [AlCl_2 \cdot Amide_2][AlCl_4]$ 　　　　(2-5)

　　　　　　　　$[AlCl_2 \cdot Amide_2][AlCl_4] \longleftrightarrow 2[AlCl_3 \cdot Amide]$ 　　　　(2-6)

$r=1.5$ 　$[AlCl_2 \cdot Amide_2][AlCl_4]+AlCl_3 \longrightarrow [AlCl_2 \cdot Amide_2][Al_2Cl_7]$ 　(2-7)

　　　　$[AlCl_2 \cdot Amide_2][Al_2Cl_7] \longleftrightarrow [AlCl_3 \cdot Amide]+[Al_2Cl_6 \cdot Amide]$ 　(2-8)

$r=2.0$ 　$[AlCl_2 \cdot Amide_2][Al_2Cl_7]+AlCl_3 \longrightarrow [AlCl_2 \cdot Amide_2][Al_3Cl_{10}]$ 　(2-9)

　　　　　　$[AlCl_2 \cdot Amide_2][Al_3Cl_{10}] \longleftrightarrow 2[Al_2Cl_6 \cdot Amide]$ 　　　　(2-10)

本书的组分配比最高到 $r=1.7$，但我们仍然可从文献中提到的液体内部反应以及拉

曼光谱图分析出在 $r=1.0$ 时熔盐内部含有离子 $[AlCl_2Amide_2]$ $[AlCl_4]$ 和中性配体 $[AlCl_3Amide]$；在 $r=1.5$ 时熔盐内部含有离子 $[AlCl_2Amide_2]$ $[Al_2Cl_7]$ 和中性配体 $[AlCl_3Amide]$ $[Al_2Cl_6Amide]$。那么在熔盐体系内部随着 $AlCl_3$/酰胺摩尔比的增加，体系中尺寸较小的 $[AlCl_4]^-$ 离子数目下降，而尺寸较大的 $[Al_2Cl_7]^-$ 离子数目增加，所以摩尔比较高的熔盐体系密度增加缓慢。

氯化铝-酰胺基熔盐体系的摩尔体积可根据式(2-11)计算得到，表 2-13 为 4 种熔盐体系的摩尔体积计算结果。

$$V_m = \frac{\sum x_i M_i}{\rho} \tag{2-11}$$

式中　x_i——熔盐组分的摩尔含量；

　　　M_i——熔盐体系的相对分子质量，g/mol。

氯化铝-酰胺基熔盐体系各组分的摩尔体积与温度和摩尔比之间的关系如图 2-11 所示：氯化铝-酰胺基熔盐的摩尔体积均随着温度的升高而增大。这是因为温度的升高使粒子的动能增加，导致粒子间距离增大，熔盐体积膨胀，单位体积内离子数下降，因此熔盐的摩尔体积随温度的升高而增大[147]。另外，随着氯化铝/酰胺摩尔比的增加，氯化铝-乙酰胺/丙酰胺/尿素熔盐体系的摩尔体积呈上升趋势；而氯化铝-丁酰胺熔盐体系的摩尔体积整体呈下降趋势。

氯化铝-酰胺基熔盐在不同温度下的摩尔体积　　　　表 2-13

组分(摩尔比)	摩尔体积 V_m(cm³/mol)						
	313K	323K	333K	343K	353K	363K	373K
氯化铝-乙酰胺							
1.0∶1	65.9040	66.3016	66.6864	67.0380	67.4044	67.7545	68.0899
1.1∶1	66.6213	67.0595	67.4836	67.8951	68.2778	68.6647	69.0376
1.3∶1	67.6091	68.0773	68.5520	68.9683	69.3557	69.7521	70.1438
1.4∶1	68.0617	68.5190	68.9538	69.3851	69.8265	70.2207	70.6496
1.5∶1	68.2920	68.7381	69.1527	69.5701	69.9679	70.3612	70.7842
氯化铝-丙酰胺							
1.0∶1	73.7566	74.3124	74.9232	75.4705	76.0153	76.5625	77.1287
1.1∶1	74.1971	74.6630	75.1604	75.7218	76.2758	76.7280	77.2589
1.3∶1	74.2455	74.7260	75.2252	75.7694	76.5161	77.0344	77.5277
1.5∶1	74.3657	74.8628	75.4358	76.0989	76.7264	77.3207	77.7159
1.7∶1	75.1938	75.7995	76.3151	76.8276	77.3548	77.8606	78.3547
氯化铝-丁酰胺							
1.0∶1	82.6558	83.1930	83.7463	84.2579	84.7635	85.3473	85.9298
1.1∶1	82.1916	82.8286	83.4251	83.8840	84.3360	84.9884	85.6227
1.3∶1	82.0856	82.5984	83.1060	83.6492	84.2533	84.9389	85.7220
1.5∶1	81.7416	82.2120	82.7276	83.2124	83.7348	84.2403	84.7936
1.7∶1	81.3512	81.8883	82.4076	82.9306	83.4575	84.0374	84.6928

组分（摩尔比）	摩尔体积 V_{m}（cm³/mol）						
	313K	323K	333K	343K	353K	363K	373K
氯化铝-尿素							
1.2∶1	—	—	64.0977	64.4460	64.7756	65.1570	65.4878
1.3∶1	—	—	64.5480	64.9035	65.2550	65.6264	65.9817
1.4∶1	—	—	64.8197	65.1755	65.5492	65.9070	66.2912
1.5∶1	—	—	65.3389	65.7435	66.1413	66.5803	66.9698
1.7∶1	—	—	66.6588	67.0210	67.3974	67.8337	68.3132

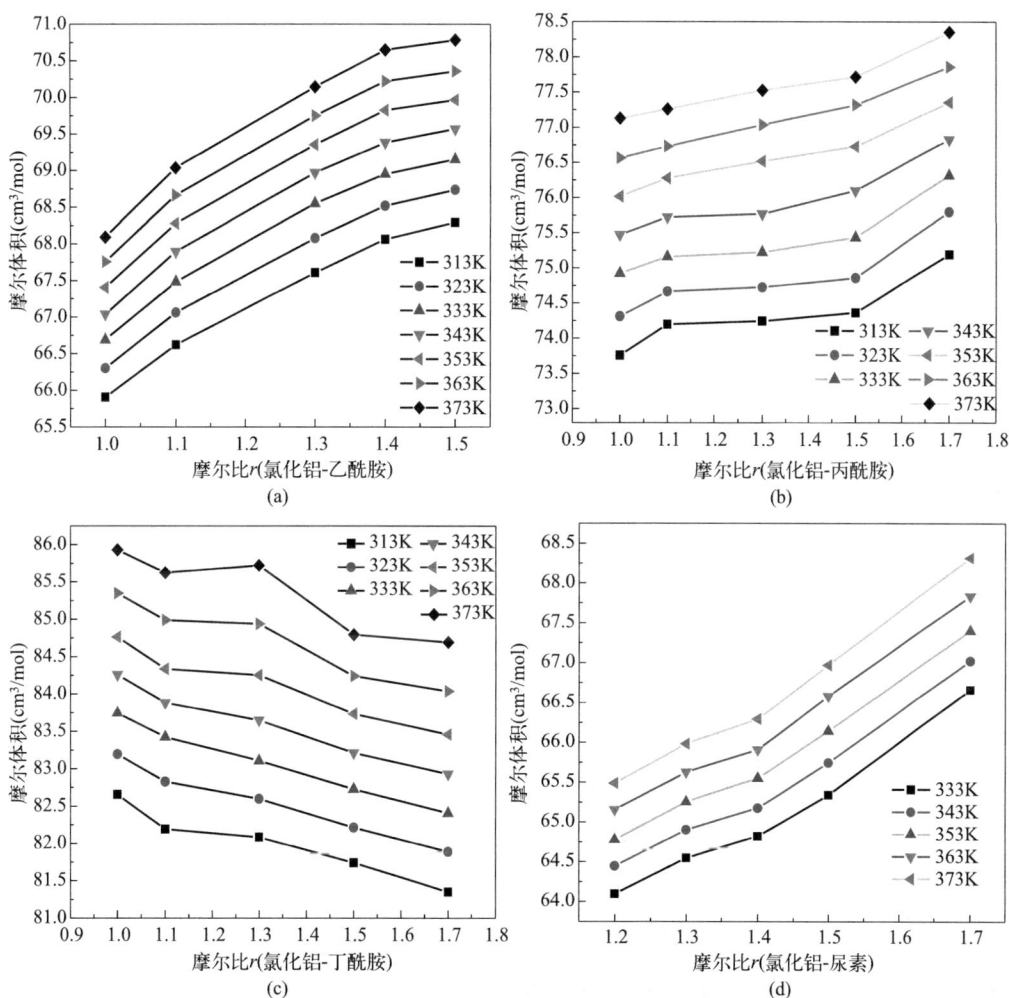

图 2-11　氯化铝-酰胺基熔盐摩尔体积与温度和摩尔比之间的关系图
（a）氯化铝-乙酰胺；（b）氯化铝-丙酰胺；（c）氯化铝-丁酰胺；（d）氯化铝-尿素

2.3.2 氯化铝-酰胺电解液的电导率

在 313～373K 温度范围内，基于固定电导池常数法测定氯化铝-酰胺基熔盐 20 组不同摩尔比组分的电导率，实验结果列于表 2-14。以氯化铝-乙酰胺室温熔盐为例，从电导率与温度的曲线（图 2-12）中可知：对于同一酰胺基熔盐体系，在摩尔比相同的条件下，随着温度的升高，氯化铝-酰胺基熔盐体系的电导率呈现上升趋势。这主要是因为在较高的温度下，体系中离子的运动比较活跃，电荷迁移加快，故电导率升高。

将不同温度下的氯化铝-酰胺基熔盐体系的电导率实验值采用最小二乘法进行拟合，结果符合经验方程式(2-12)，将各组分的方程拟合参数列于表 2-15 中。

$$\sigma = a + bT + cT^2 \tag{2-12}$$

式中　a——拟合参数，mS/cm；

　　　b——拟合参数，mS/(cm·K)；

　　　c——拟合参数，mS/(cm·K^2)；

　　　T——温度，K。

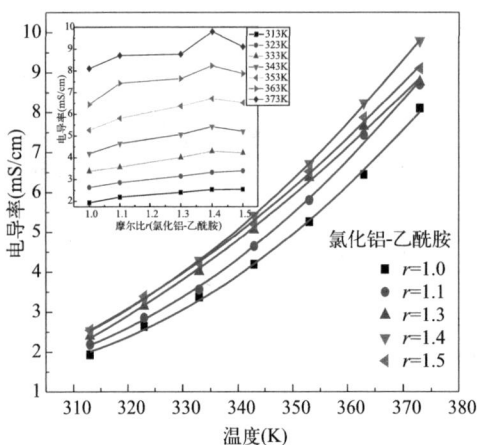

图 2-12　氯化铝-乙酰胺熔盐
电导率与温度关系图

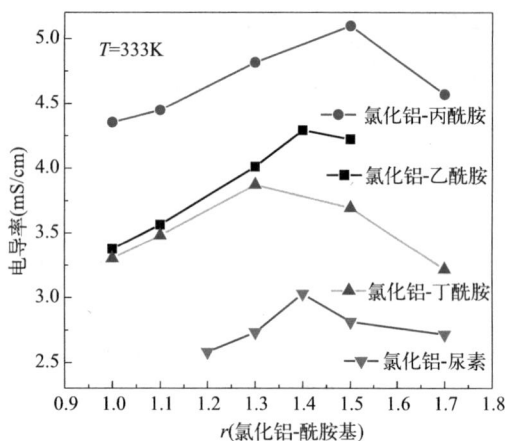

图 2-13　333K 下氯化铝-酰胺基
熔盐电导率与摩尔比的关系图

以 333K 温度下不同酰胺基二元室温熔盐的电导率与摩尔比的关系图为例（图 2-13），可以看出对于同一酰胺基体系，随着氯化铝-酰胺的摩尔比的增加，电导率呈现先增加，然后缓慢下降的趋势。即在氯化铝-酰胺基熔盐体系的电导率与摩尔比的曲线中出现了最大值，但是该值因酰胺类型不同而变化。张锁江团队[148] 在 2008 年研究的 AlCl$_3$-[Bmim]Cl、AlCl$_3$-[Bmim]Br 和 AlCl$_3$-[Bmim]PF$_6$ 体系的电导率随着摩尔比的增加出现最大值。这与 Fannin[149] 报道的 AlCl$_3$-R$_1$R$_2$ImCl（MMImCl/EMImCl/MPImCl/BMImCl/BBImCl）体系中电导率情况类似。关于氯化铝-酰胺室温熔盐的电导率实验结果为：

(1) 氯化铝-乙酰胺体系：$\sigma 1.4 > \sigma 1.5 > \sigma 1.3 > \sigma 1.1 > \sigma 1.0$。

(2) 氯化铝-丙酰胺体系：$\sigma 1.5 > \sigma 1.3 > \sigma 1.7 > \sigma 1.1 > \sigma 1.0$。

(3) 氯化铝-丁酰胺体系：$\sigma 1.3 > \sigma 1.5 > \sigma 1.1 > \sigma 1.0 > \sigma 1.7$。

(4) 氯化铝-尿素体系：$\sigma 1.4 > \sigma 1.5 > \sigma 1.3 > \sigma 1.7 > \sigma 1.2$。

氯化铝-酰胺基熔盐在不同温度下的电导率　　　　　　　　　　　　　　　　表 2-14

组分(摩尔比)	电导率 σ(mS/cm)						
	313K	323K	333K	343K	353K	363K	373K
氯化铝-乙酰胺							
1.0∶1	1.93	2.64	3.38	4.19	5.26	6.44	8.11
1.1∶1	2.19	2.86	3.56	4.64	5.80	7.43	8.70
1.3∶1	2.40	3.15	4.01	5.07	6.37	7.65	8.76
1.4∶1	2.54	3.33	4.29	5.43	6.71	8.23	9.79
1.5∶1	2.55	3.39	4.22	5.20	6.52	7.87	9.11
氯化铝-丙酰胺							
1.0∶1	2.69	3.45	4.35	5.39	6.45	7.64	8.92
1.1∶1	2.73	3.52	4.45	5.49	6.65	8.06	9.33
1.3∶1	3.06	3.87	4.81	5.85	7.05	8.54	9.93
1.5∶1	3.20	4.08	5.10	6.20	7.52	8.99	10.49
1.7∶1	2.85	3.65	4.57	5.62	6.80	8.02	9.33
氯化铝-丁酰胺							
1.0∶1	2.06	2.62	3.30	4.00	4.82	5.70	6.73
1.1∶1	2.19	2.88	3.48	4.25	5.12	6.04	7.04
1.3∶1	2.31	3.08	3.87	4.71	5.58	6.58	7.54
1.5∶1	2.29	2.92	3.69	4.55	5.48	6.45	7.44
1.7∶1	2.02	2.54	3.22	3.92	4.71	5.52	6.34
氯化铝-尿素							
1.2∶1	—	—	2.58	3.38	4.33	5.45	6.67
1.3∶1	—	—	2.73	3.54	4.46	5.55	6.77
1.4∶1	—	—	3.03	3.96	5.07	6.31	7.60
1.5∶1	—	—	2.81	3.70	4.86	6.25	7.35
1.7∶1	—	—	2.72	3.58	4.56	5.68	6.86

氯化铝-酰胺基熔盐电导率与温度的经验方程拟合参数　　　　　　　　　　表 2-15

组分(摩尔比)	$\sigma = a + bT + cT^2$(mS/cm)			σ_{333K}	R^2	温度范围(K)
	a	b	$c(\times10^4)$			
氯化铝-乙酰胺						
1.0∶1	75.23	−0.51	8.96	3.30	0.9978	313~373
1.1∶1	75.79	−0.53	9.27	3.65	0.9975	313~373
1.3∶1	30.04	−0.25	5.29	4.10	0.9976	313~373
1.4∶1	60.80	−0.44	8.25	4.31	0.9999	313~373
1.5∶1	40.65	−0.32	6.22	4.27	0.9986	313~373
氯化铝-丙酰胺						
1.0∶1	26.22	−0.23	4.81	4.37	0.9999	313~373
1.1∶1	38.58	−0.30	6.05	4.45	0.9995	313~373
1.3∶1	49.91	−0.37	7.10	4.79	0.9996	313~373
1.5∶1	45.58	−0.35	6.90	5.10	0.9999	313~373
1.7∶1	28.57	−0.24	5.12	4.58	0.9999	313~373
氯化铝-丁酰胺						
1.0∶1	27.54	−0.21	4.26	3.26	0.9999	313~373
1.1∶1	23.55	−0.19	3.98	3.50	0.9996	313~373
1.3∶1	3.46	−0.08	2.43	3.88	0.9999	313~373
1.5∶1	16.19	−0.15	3.52	3.71	0.9997	313~373
1.7∶1	12.08	−0.12	2.82	3.22	0.9996	313~373

组分(摩尔比)	$\sigma=a+bT+cT^2$ (mS/cm)			σ_{333K}	R^2	温度范围(K)
	a	b	$c(\times10^4)$			
氯化铝-尿素						
1.2:1	58.20	−0.41	7.22	2.58	0.9999	333~373
1.3:1	58.34	−0.41	7.18	2.73	1.0000	333~373
1.4:1	38.95	−0.31	5.97	3.02	0.9998	333~373
1.5:1	23.49	−0.22	4.79	2.76	0.9949	333~373
1.7:1	36.82	−0.29	5.53	2.72	0.9999	333~373

当氯化铝-酰胺基熔盐的 4 个体系处于同一摩尔比情况下，电导率随酰胺类型的变化而不同。由图 2-14 可知：在摩尔比相同的情况下，不同酰胺基熔盐体系的电导率遵循下述规律：氯化铝-丙酰胺＞氯化铝-乙酰胺＞氯化铝-丁酰胺＞氯化铝-尿素。

含有不同酰胺的氯化铝基熔盐体系中，在摩尔比相同的情况下，体系中的阴离子类型和数目是固定的，但是阳离子的类型不同。电导率主要受到熔点、黏度、离子迁移率、体系内总的离子数目等因素的影响。

首先，考虑实验中所用酰胺的熔点分别为丙酰胺（79℃）＜乙酰胺（82.3℃）＜丁酰胺（114.8℃）＜尿素（132.7℃），那么与

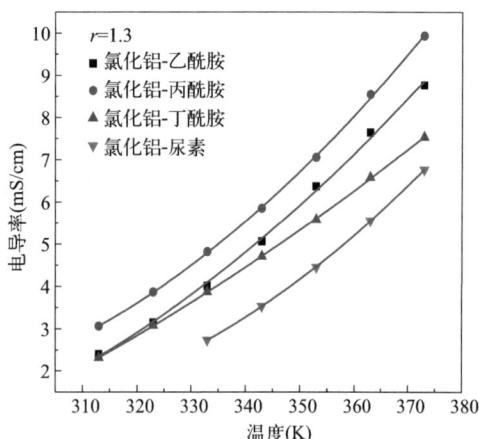

图 2-14　氯化铝-酰胺基熔盐在 $r=1.3$ 时的电导率与温度关系图

等量的 $AlCl_3$ 混合得到的室温熔盐的熔点有可能为：氯化铝-丙酰胺＜氯化铝-乙酰胺＜氯化铝-丁酰胺＜氯化铝-尿素，根据相关报道[150,151] 可知：熔盐的熔点越低，电导率越高。那么得到的实验结果是合理的。

其次，虽然尿素与乙酰胺的分子尺寸一样，但尿素中含有两个氨基来提供氢键的形成，使得分子间的相互作用力增加，体系的黏度增大，不利于电荷的移动，体系中离子的迁移率下降，电导率减小，而且由于尿素的对称性最好，较低的离子密堆积也不利于电荷的迁移[144,152]，故氯化铝-尿素体系的电导率最小。

最后，在咪唑基离子液体的电导率[153] 研究中，电导率随着阳离子烷基链长度的增加而下降。而氟硼酸和 21 种烷基取代的含氮杂环合成的离子液体[93] 表明阳离子分子量对电导率的影响并不显著，但是阳离子的结构对电导率有很大影响。在本书中丙酰胺基熔盐体系比乙酰胺基熔盐体系的烷基链长，却有较高的电导率值。这可能与熔盐体系内部的配位结构有关系。因为氯铝酸配位化合物液体中存在不同的平衡关系，并分散着不同形态的阴离子、阳离子和中性配体。或许配位络合物的结构对氯化铝-酰胺基熔盐体系的电导率等物理性质的影响比较显著。

上述讨论的电导率反映的是室温熔盐体系中电荷传递的有效离子总数，而每个体系有不同的离子浓度，故本书需要借助摩尔电导率进一步分析熔盐体系的导电机理，它也是研

究离子移动不可缺少的一项。

氯化铝-酰胺基熔盐各个组分的摩尔电导率可依据式(2-13)计算得到：

$$\Lambda = V_m \sigma \tag{2-13}$$

式中　Λ——摩尔电导率，$mS \cdot cm^2/mol$；

　　　V_m——摩尔体积，cm^3/mol；

　　　σ——电导率，mS/cm。

氯化铝-酰胺基熔盐的摩尔电导率计算结果列于表 2-16 中，从表中可知随着温度的升高，各组分的摩尔电导率也是呈现增加趋势。这显示了离子的移动性依赖于温度。

如图 2-15 所示，氯化铝-酰胺基熔盐体系的摩尔电导率随着室温熔盐摩尔比的增加而增大，这可能是因为电导率的快速增加，但是在摩尔电导率与组分关系曲线中我们可以看到电导率表现出最大值，正如前述提到的电导率与组分的关系曲线中类似，最大值依赖于酰胺类型的不同而改变。在氯化铝-乙酰胺体系中最大值在 $r=1.4$；在氯化铝-丙酰胺体系中最大值在 $r=1.5$；在氯化铝-丁酰胺体系中最大值在 $r=1.3$；在氯化铝-尿素体系中最大值在 $r=1.4$。

我们知道许多因素都会影响室温熔盐电导率，如温度、黏度、带电粒子数目、粒子尺寸等。比如氯化铝-尿素体系的密度最大，那么体系内部离子间的排列很紧密，空穴的尺寸很小，不利于带电离子的迁移，电导率就很小。通常室温熔盐体系的黏度与电导率呈现反比的关系，即电导率最大的体系中黏度应是最小的[24,94]。但是由于本课题组实验设备有限，该熔盐体系腐蚀黏度仪上的转子设备，在这里无法给出各组分的黏度数据。另外，从空穴理论[154]来分析：室温熔盐中电荷传递主要是由内部空穴的移动性决定的，所以在离子迁移性和空穴移动性之间存在一个平衡，在此平衡下电导率达到最大值。基于此，熔盐内部的配位络合离子（$[AlCl_2 \cdot Amide_2][AlCl_4]$ 和 $[AlCl_2 \cdot Amide_2][Al_2Cl_7]$）和中性配位化合物（$[AlCl_3 \cdot Amide]$ 和 $[AlCl_3 \cdot Amide][Al_2Cl_6 \cdot Amide]$）的存在都会影响体系的物理性质表现。

氯化铝-酰胺基熔盐在不同温度下的摩尔电导率　　　　　　　表 2-16

组分(摩尔比)	摩尔电导率 Λ($mS \cdot cm^2/mol$)						
	313K	323K	333K	343K	353K	363K	373K
氯化铝-乙酰胺							
1.0∶1	127.38	174.86	225.11	280.85	354.80	436.64	551.99
1.1∶1	145.93	191.58	240.48	315.31	396.24	510.27	600.74
1.3∶1	162.59	214.48	274.95	349.35	441.80	533.35	614.73
1.4∶1	172.80	227.92	296.01	376.51	468.77	578.26	691.75
1.5∶1	174.04	233.31	292.01	362.09	456.20	553.70	644.60
氯化铝-丙酰胺							
1.0∶1	198.35	256.45	326.12	407.07	490.67	585.04	687.87
1.1∶1	202.91	263.19	334.30	415.49	507.53	618.32	720.94
1.3∶1	227.26	289.22	362.32	443.36	539.71	658.05	770.18
1.5∶1	237.93	305.30	384.48	472.05	576.66	694.89	815.17
1.7∶1	213.93	276.52	348.82	431.59	525.63	624.78	730.96

续表

组分(摩尔比)	摩尔电导率 Λ(mS·cm²/mol)						
	313K	323K	333K	343K	353K	363K	373K
氯化铝-丁酰胺							
1.0:1	170.42	218.27	276.55	337.18	408.51	486.65	578.12
1.1:1	180.31	238.77	290.35	356.68	431.90	512.95	602.55
1.3:1	189.78	254.80	321.79	393.83	470.26	559.15	645.92
1.5:1	186.98	240.09	305.59	378.28	458.50	543.34	631.08
1.7:1	164.58	208.22	265.15	324.72	392.83	463.77	536.72
氯化铝-尿素							
1.2:1	—	—	165.52	217.57	280.52	355.12	436.62
1.3:1	—	—	176.38	229.51	290.80	364.45	446.79
1.4:1	—	—	196.37	258.37	332.42	415.71	503.52
1.5:1	—	—	183.89	243.01	321.51	416.13	492.56
1.7:1	—	—	181.02	240.19	307.29	385.39	468.87

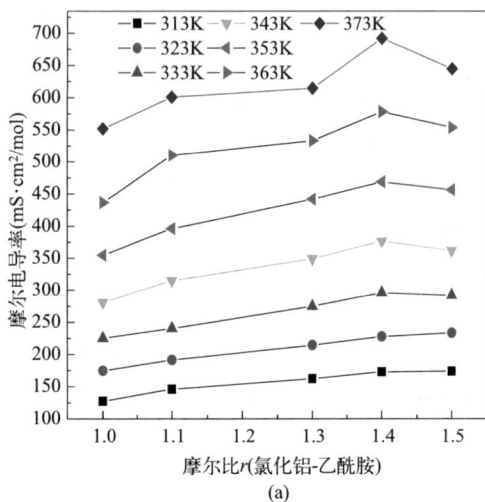

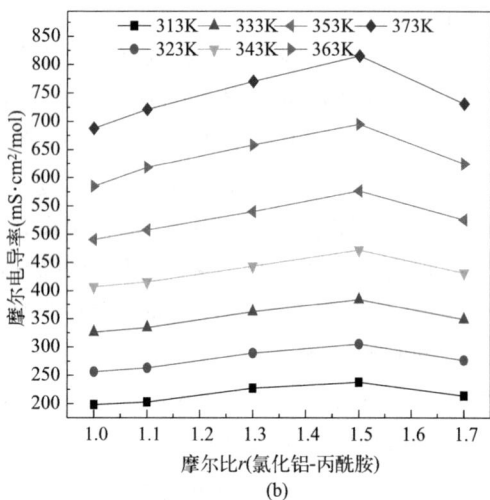

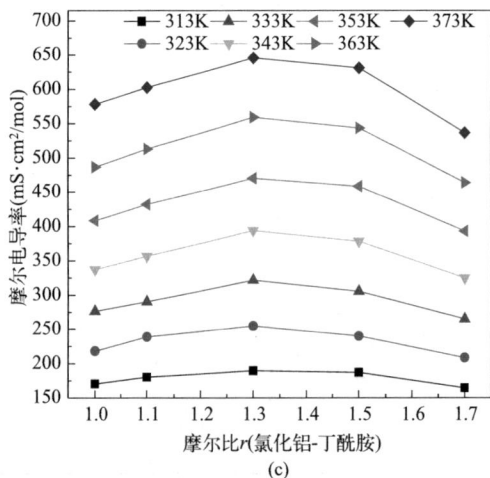

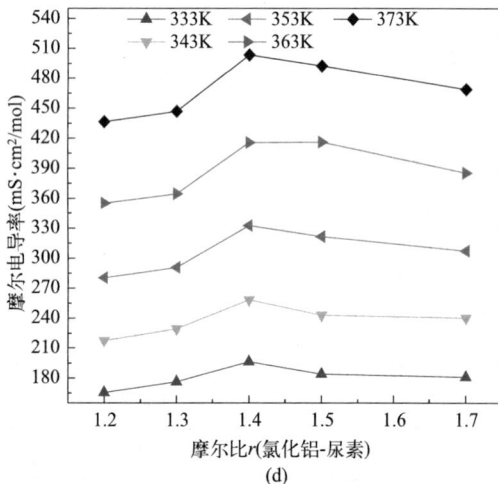

图 2-15　氯化铝-酰胺基熔盐在不同温度下摩尔电导率与摩尔比的关系图

（a）氯化铝-乙酰胺；（b）氯化铝-丙酰胺；（c）氯化铝-丁酰胺；（d）氯化铝-尿素

从图 2-10 中可知，随着氯化铝的添加，体系中的阴离子 $[AlCl_4]^-$ 数目减小，而阴离子 $[Al_2Cl_7]^-$ 生成并且数目增加。单从离子尺寸来看，比起阴离子 $[AlCl_4]^-$，尺寸较大的 $[Al_2Cl_7]^-$ 移动起来比较困难，不利于电荷运输。而且当氯化铝过量时，体系中会以离子对或离子团簇的形式存在，使得有些载流子下降，导致电导率减小；但是在室温熔盐体系中阴阳离子会以低聚体的形式存在。低聚体[155] 是指由阴阳离子交替排列而成的链状低聚体，链的长度与离子间的相互作用力、氢键，以及组成的阴阳离子类型有关系。虽然组成低聚体的阴阳离子间的相互作用力比较弱，但仍可以使原来的单个离子失去独立性，与相反的电荷结合，从而使低聚体表现为正电、负电或中性。氯化铝-酰胺基熔盐中可能存在的低聚体形式主要有：

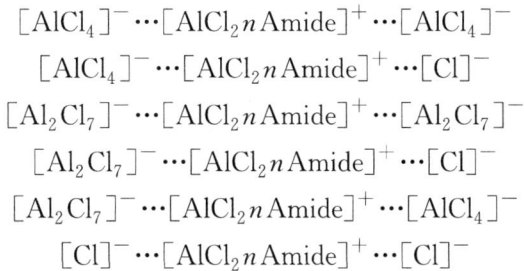

$$[AlCl_4]^- \cdots [AlCl_2 n\,Amide]^+ \cdots [AlCl_4]^-$$

$$[AlCl_4]^- \cdots [AlCl_2 n\,Amide]^+ \cdots [Cl]^-$$

$$[Al_2Cl_7]^- \cdots [AlCl_2 n\,Amide]^+ \cdots [Al_2Cl_7]^-$$

$$[Al_2Cl_7]^- \cdots [AlCl_2 n\,Amide]^+ \cdots [Cl]^-$$

$$[Al_2Cl_7]^- \cdots [AlCl_2 n\,Amide]^+ \cdots [AlCl_4]^-$$

$$[Cl]^- \cdots [AlCl_2 n\,Amide]^+ \cdots [Cl]^-$$

通常阴阳离子的尺寸越小，离子的聚合度越高，形成的低聚体链越长，低聚体的相对体积就越大。所以尺寸相对较大的 $[Al_2Cl_7]^-$ 阴离子聚合度较低。含有 $[Al_2Cl_7]^-$ 的体系中低聚体相对体积较小，利于离子的移动，导致电导率较高。因而在熔盐体系内部的各种因素的影响下，电导率势必会存在一个平衡的状态，即此时电导率最大。

氯化铝-酰胺基熔盐体系的摩尔电导率与温度的关系可以用阿伦尼乌斯公式（Arrhenius）表示：

$$\Lambda = \Lambda_0 \exp\left(\frac{-E_\Lambda}{RT}\right) \tag{2-14}$$

式中　Λ_0——指前因子，$S \cdot cm^2/mol$；

　　　E_Λ——活化能，kJ/mol。

将上式等号左右分别取对数，转化为：

$$\ln\Lambda = \ln\Lambda_0 - \frac{E_\Lambda}{R}\frac{1}{T} \tag{2-15}$$

如图 2-16 所示，氯化铝-乙酰胺熔盐摩尔电导率的对数与温度的倒数很好地服从阿伦尼乌斯公式。本书仅以氯化铝-乙酰胺体系为例加以说明，其他三个体系表现出了与氯化铝-乙酰胺体系类似的行为。各组分的公式拟合参数已列于表 2-17。由表中方差系数可见拟合结果非常良好。另外氯化铝-酰胺室温熔盐体系各组分的活化能随不同的摩尔比而变化，根据摩尔电导率的计算式可知各组分摩尔电导率的活化能不仅与体系的电导率有关，而且与摩尔体积也有很大的关系，并不只是单纯地同电导率与摩尔比的关系呈相反趋势。

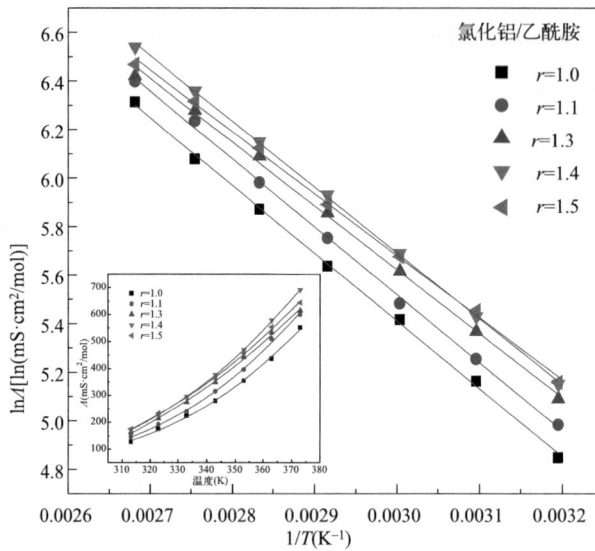

图 2-16　氯化铝-乙酰胺熔盐摩尔电导率与温度的关系图

氯化铝-酰胺基熔盐摩尔电导率与温度的经验方程拟合参数 　　表 2-17

组分(摩尔比)	$\Lambda = \Lambda_0 \exp(\dfrac{-E_\Lambda}{RT})(mS \cdot cm^2/mol)$		R^2	温度范围(K)
	$\Lambda_0(mS \cdot cm^2/mol)$	$E_\Lambda(kJ/mol)$		
氯化铝-乙酰胺				
1.0∶1	972.28	23.22	0.9988	313～373
1.1∶1	1104.28	23.27	0.9985	313～373
1.3∶1	739.40	21.87	0.9974	313～373
1.4∶1	1006.81	22.53	0.9995	313～373
1.5∶1	619.58	21.22	0.9983	313～373
氯化铝-丙酰胺				
1.0∶1	538.96	20.53	0.9969	313～373
1.1∶1	437.62	19.57	0.9992	313～373
1.3∶1	462.64	19.81	0.9998	313～373
1.5∶1	516.69	19.97	0.9996	313～373
1.7∶1	459.09	19.92	0.9987	313～373
氯化铝-丁酰胺				
1.0∶1	331.21	19.67	0.9994	313～373
1.1∶1	306.42	19.29	0.9983	313～373
1.3∶1	370.46	19.60	0.9947	313～373
1.5∶1	383.35	19.79	0.9980	313～373
1.7∶1	275.54	19.28	0.9981	313～373

组分(摩尔比)	$\Lambda = \Lambda_0 \exp(\dfrac{-E_\Lambda}{RT})(\text{mS} \cdot \text{cm}^2/\text{mol})$		R^2	温度范围(K)
	$\Lambda_0(\text{mS} \cdot \text{cm}^2/\text{mol})$	$E_\Lambda(\text{kJ/mol})$		
氯化铝-尿素				
1.2:1	1453.52	25.12	0.9995	333~373
1.3:1	1030.03	23.99	0.9997	333~373
1.4:1	1336.95	24.40	0.9983	333~373
1.5:1	2193.70	25.96	0.9951	333~373
1.7:1	1317.70	24.58	0.9983	333~373

2.4 氯化铝基电解液物理化学性质的改性

2.4.1 AlCl₃-EMImCl 电解液物理化学性质的改性

1. AlCl₃-EMImCl 电解液的拉曼光谱

不同摩尔比的 AlCl₃-EMImCl 电解液的拉曼光谱如图 2-17(a) 所示。从图中可知，所有的拉曼图谱均包含位于 347cm^{-1} 和 310cm^{-1} 处两个典型的拉曼特征峰，它们分别对应 $[\text{AlCl}_4]^-$ 和 $[\text{Al}_2\text{Cl}_7]^-$ 络合物。当 AlCl₃ 和 EMImCl 混合后，通过反应（2-16）形成 $[\text{AlCl}_4]^-$。当向液体中加入更多的 AlCl₃ 时，AlCl₃ 会与 $[\text{AlCl}_4]^-$ 离子反应生成 $[\text{Al}_2\text{Cl}_7]^-$ 络合物，如反应（2-17）。另外，在 AlCl₃-EMImCl 体系中存在动态平衡反应（2-18）[156]。因此，AlCl₃-EMImCl 中包括 $[\text{EMIm}]^+$、$[\text{AlCl}_4]^-$、$[\text{Al}_2\text{Cl}_7]^-$ 和 Cl^- 物质。

$$\text{AlCl}_3 + \text{EMImCl} \Leftrightarrow [\text{EMIm}]^+ + [\text{AlCl}_4]^- \tag{2-16}$$

$$7[\text{AlCl}_4]^- + \text{AlCl}_3 \Leftrightarrow 4[\text{Al}_2\text{Cl}_7]^- + 3\text{Cl}^- \tag{2-17}$$

$$2[\text{AlCl}_4]^- \Leftrightarrow [\text{Al}_2\text{Cl}_7]^- + \text{Cl}^- \tag{2-18}$$

随着 AlCl₃/EMImCl 摩尔比增大，$[\text{AlCl}_4]^-$ 峰的相对强度降低，$[\text{Al}_2\text{Cl}_7]^-$ 峰的相对强度增强。$[\text{Al}_2\text{Cl}_7]^-$ 络合离子被认为是在氯化铝基电解质中能电沉积铝的电活性物质[157]。为了确定不同摩尔比电解液中 $[\text{Al}_2\text{Cl}_7]^-$ 络合物相对于 $[\text{AlCl}_4]^-$ 的相对含量变化，计算了对应 $[\text{Al}_2\text{Cl}_7]^-$ 与 $[\text{AlCl}_4]^-$ 络合物的峰积分面积之比（称为 I_{310}/I_{347}），摩尔比为 1.3/1.4/1.5 的 AlCl₃-EMImCl 电解液的 I_{310}/I_{347} 分别为 0.37、0.52 和 0.87。根据 I_{310}/I_{347}，估算了摩尔比为 1.5 的 AlCl₃-EMImCl 电解液中 $[\text{Al}_2\text{Cl}_7]^-$ 和 $[\text{AlCl}_4]^-$ 络合离子的浓度。由于反应（2-18）的平衡常数非常小，因此该反应可以忽略，且 Cl^- 的浓度接近为零[158]。

假设 1.5mol 氯化铝和 1mol 氯化 1-乙基-3-甲基咪唑形成液体，其中 $[\text{AlCl}_4]^-$ 和 $[\text{Al}_2\text{Cl}_7]^-$ 络合物的物质的量分别为 x 和 y(mol)。因此可以得到 3 个等式：

$$x + y = 1(\text{电荷守恒})$$

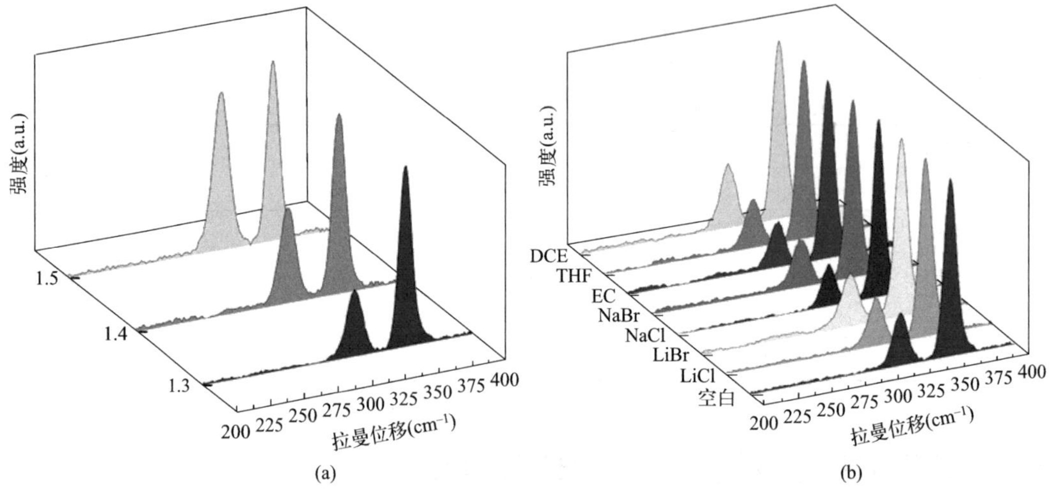

图 2-17 氯化铝-氯化 1-乙基-3-甲基咪唑电解液的拉曼光谱

(a) 不同摩尔比的电解液；(b) 含添加剂的电解液（摩尔比为 1.3）

$$x + 2y = 1.5 \text{(Al 物料守恒)}$$

$$4x + 7y = 1.5 \times 3 + 1 = 5.5 \text{(Cl 物料守恒)}$$

可得 $x = y = 0.5$。由此计算 $[Al_2Cl_7]^-$ 与 $[AlCl_4]^-$ 络合物的物质的量比为 1.0，接近拉曼测量值（0.87）。因此，在摩尔比为 1.5 的 AlCl$_3$-EMImCl 电解液中 $[Al_2Cl_7]^-$ 络合物的物质的量为 0.5mol。AlCl$_3$-EMImCl 电解液的密度约为 1.5g/cm^3，电解液中 $[Al_2Cl_7]^-$ 络合物的浓度为：

$$c([Al_2Cl_7]^-) = \frac{0.5}{\dfrac{1.5 \times 133.34 + 146.62}{1.5 \times 1000}} = 2.2\text{mol/L}$$

因此，AlCl$_3$-EMImCl 中 $[Al_2Cl_7]^-$ 的浓度约为 2.2mol/L。对应地，电解液中的 $[AlCl_4]^-$ 络合离子的浓度为 2.5mol/L。AlCl$_3$-EMImCl 电解液含铝络合阴离子的总浓度为 2.2+2.5=4.7mol/L。

$$[Al_2Cl_7]^- + MX \Leftrightarrow [AlCl_4]^- + [AlCl_3X]^- + M^+ (M = Li/Na; X = Cl/Br) \quad (2\text{-}19)$$

$$[Al_2Cl_7]^- + nL \Leftrightarrow [Al_2Cl_7 \cdot nL]^- \Leftrightarrow [AlCl_4]^- + [AlCl_3 \cdot nL] (L = EC/THF/DCE)$$

$$(2\text{-}20)$$

含碱金属卤化物或有机物的 AlCl$_3$-EMImCl 电解液的拉曼光谱如图 2-17(b) 所示。为了确定加入碱金属卤化物或有机物前后电解液中 $[Al_2Cl_7]^-$ 络合物相对于 $[AlCl_4]^-$ 的相对含量变化，计算了 I_{310}/I_{347}，结果见表 2-18。与 AlCl$_3$-EMImCl 体系相比，几乎所有含添加剂的 AlCl$_3$-EMImCl 电解液中 $[Al_2Cl_7]^-$ 络合物的相对含量略有下降。这是因为碱金属卤化物或有机物添加剂和电解液中 $[Al_2Cl_7]^-$ 络合物发生反应生成 $[AlCl_4]^-$ 离子以及新的络合离子或中性物质，从而改变了电解液的离子组成，如反应（2-19）和反应（2-20）。

含不同添加剂的氯化铝-氯化 1-乙基-3-甲基咪唑电解液的拉曼峰面积比（I_{310}/I_{347}）

表 2-18

	添加剂							
	空白	LiCl	LiBr	NaCl	NaBr	EC	THF	DCE
I_{310}/I_{347}	0.37	0.27	0.28	0.24	0.26	0.24	0.27	0.34

2. AlCl₃-EMImCl 电解液的密度

摩尔比为 1.3 的 AlCl₃-EMImCl 电解液在 313～373K 温度范围内的密度如图 2-18(a) 所示。根据经验公式(2-4)，所有的密度值与实验温度呈现良好的线性关系。密度的实验数据和线性方程（2-4）的拟合参数见表 2-19 和表 2-20。所有 AlCl₃-EMImCl 电解液的密度随着温度的升高而降低。这是因为温度升高引起单位体积中离子数量的减少，从而导致体系的密度降低[139]。

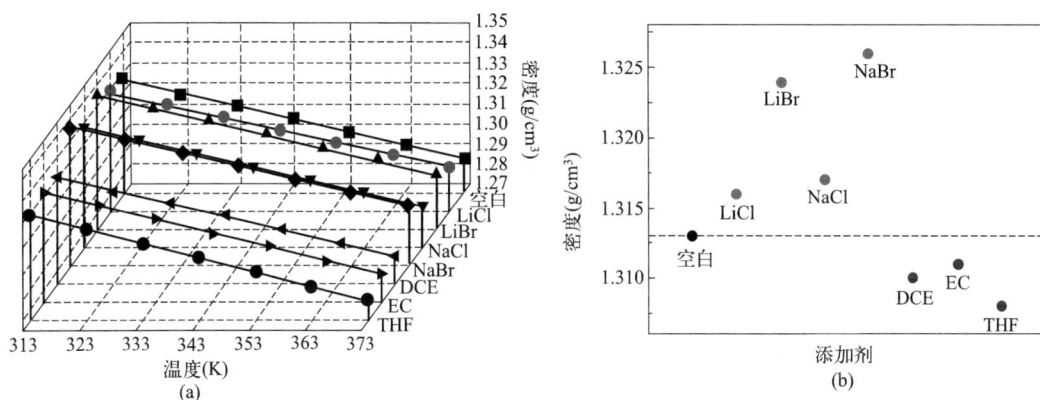

图 2-18　含不同添加剂的氯化铝-氯化 1-乙基-3-甲基咪唑电解液的密度
（a）密度随温度的变化曲线；（b）343K 时的密度

碱金属卤化物的密度比 AlCl₃-EMImCl 的密度大。因此，含碱金属卤化物的 AlCl₃-EMImCl 电解液的密度要比空白 AlCl₃-EMImCl 电解液的大，且符合以下规律 NaBr>LiBr>NaCl>LiCl。并且从图 2-18(b) 中可以看出阴离子比阳离子对密度的影响更大。有机物（EC、THF、DCE）的加入能够降低 AlCl₃-EMImCl 电解液的密度。有机分子中较大的环状和链状化合物结构会占据更多空间，从而导致单位体积中的物质数量减少。3 种有机物对密度的影响符合 EC>DCE>THF，这与它们的密度顺序一致。

不同温度下含不同添加剂的氯化铝-氯化 1-乙基-3-甲基咪唑电解液的密度　　表 2-19

T(K)	ρ(g/cm³)							
	空白	LiCl	LiBr	NaCl	NaBr	DCE	EC	THF
313	1.326	1.329	1.337	1.330	1.339	1.323	1.325	1.322
323	1.319	1.322	1.330	1.323	1.332	1.316	1.318	1.315
333	1.313	1.316	1.324	1.317	1.326	1.310	1.311	1.308
343	1.307	1.310	1.318	1.310	1.320	1.304	1.304	1.301

T(K)	ρ(g/cm³)							
	空白	LiCl	LiBr	NaCl	NaBr	DCE	EC	THF
353	1.300	1.304	1.311	1.304	1.313	1.297	1.297	1.294
363	1.294	1.298	1.305	1.298	1.306	1.290	1.290	1.287
373	1.287	1.292	1.298	1.291	1.300	1.284	1.284	1.280

含不同添加剂的氯化铝-氯化 1-乙基-3-甲基咪唑电解液密度根据方程（2-4）拟合参数

表 2-20

添加剂	$\rho=a+bT$		
	a(g/cm³)	$-b\times10^{-4}[\text{g/(cm}^3\cdot\text{K)}]$	R^2
空白	1.5271	6.4286	0.9994
LiCl	1.5196	6.1071	0.9994
LiBr	1.5381	6.4286	0.9994
NaCl	1.5309	6.4286	0.9994
NaBr	1.5424	6.5000	0.9993
DCE	1.5264	6.5000	0.9993
EC	1.5406	6.8929	0.9995
THF	1.5411	7.0000	1.0000

3. AlCl₃-EMImCl 电解液的黏度

摩尔比为 1.3 的 AlCl₃-EMImCl 电解液在 313~373K 温度范围内的黏度列于表 2-21。图 2-19(a) 中显示了电解液的黏度与实验温度的关系曲线，黏度-温度曲线符合 Arrhenius 公式：

$$\eta=\eta_0\exp(\frac{-E_\eta}{RT}) \tag{2-21}$$

式中，η_0——拟合参数，mPa·s；

E_η——拟合参数，kJ/mol。

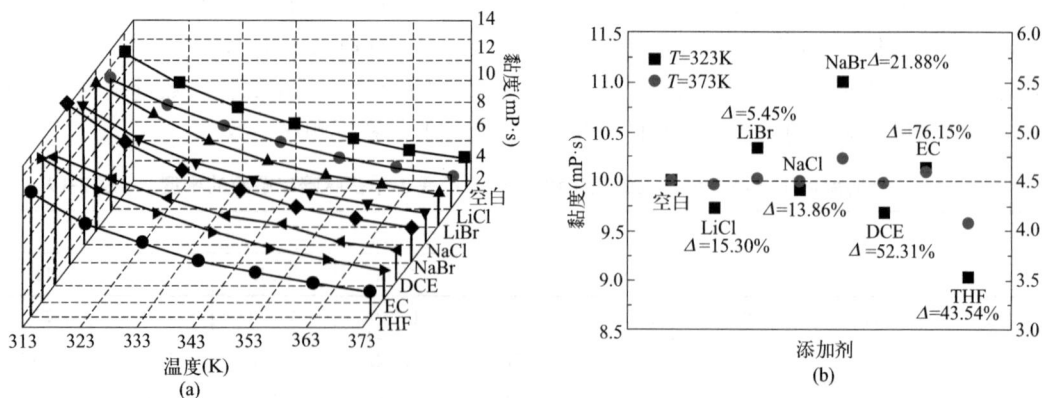

图 2-19　含不同添加剂的氯化铝-氯化 1-乙基-3-甲基咪唑电解液的黏度

（a）黏度随温度的变化曲线；（b）343K 时的黏度

拟合参数见表 2-22。

本实验中研究的 $AlCl_3$-EMImCl 电解液的黏度均在 $4\sim13mPa\cdot s$ 范围内。从图 2-19 (a) 可以看出，随着温度升高，电解液的黏度降低。这是因为随着温度升高，液体内离子间的氢键和范德华力减弱[139]。373K 和 323K 时添加剂对黏度变化值的比值（Δ）可以通过式(2-22)计算。

$$\Delta = \frac{\eta_2 - \eta_1}{\eta_4 - \eta_3} \times 100\% \tag{2-22}$$

其中，η_1 和 η_2 分别为 373K 时 $AlCl_3$-EMImCl 电解液加入添加剂前后的黏度；η_3 和 η_4 分别为 323K 时 $AlCl_3$-EMImCl 电解液加入添加剂前后的黏度。计算出的比值 Δ 列于图 2-19(b) 中。结果发现，与 323K 时电解液的黏度相比，在 373K 时含有机添加剂的电解液的黏度变化率分别降低了 52.31%（DCE）、76.15%（EC）和 43.54%（THF）。对于碱金属卤化物，比值 Δ 更是低于 30%。这表明添加剂对 $AlCl_3$-EMImCl 的黏度的影响在较低温度时更加显著。图 2-19(b) 更直观地反映了添加剂对 $AlCl_3$-EMImCl 黏度的影响。从图中可以看出，含 LiCl 或 NaCl 的 $AlCl_3$-EMImCl 电解液的黏度有下降的趋势，而 LiBr 和 NaBr 显著地增加了 $AlCl_3$-EMImCl 电解液黏度。这表明添加剂阴离子对 $AlCl_3$-EMImCl 离子液体黏度的影响更大。这是因为随着离子尺寸增大，离子液体内部由于电荷分散而减小的库仑作用力不能克服离子间的范德华力的增加[159]。与碱金属卤化物相比，有机物对 $AlCl_3$-EMImCl 离子液体黏度的影响更加显著。DCE 和 THF 明显降低离子液体的黏度。有机物作为稀释剂，通过溶解熔体的组成离子并降低这些离子的聚集，从而降低氯化铝基离子液体的黏度[160]。相反地，EC 使得离子液体的黏度增大，因为 EC 中的三个氧原子可能与离子液体中络合离子发生反应，从而导致离子液体的内聚力增加。

不同温度下含不同添加剂的氯化铝-氯化 1-乙基-3-甲基咪唑电解液的黏度　表 2-21

$T(K)$	$\eta(mPa\cdot s)$							
	空白	LiCl	LiBr	NaCl	NaBr	DCE	EC	THF
313	12.23	11.75	12.75	12.41	13.88	11.30	12.50	11.32
323	10.01	9.729	10.34	9.909	11.02	9.685	10.14	9.027
333	8.187	8.243	8.359	8.111	8.885	8.214	8.468	7.691
343	6.988	7.003	6.905	6.890	7.520	7.034	7.058	6.358
353	6.037	5.851	5.873	5.917	6.276	6.332	5.920	5.474
363	5.020	5.173	5.201	5.130	5.446	5.117	5.117	4.742
373	4.507	4.464	4.525	4.493	4.728	4.490	4.606	4.079

含不同添加剂的氯化铝-氯化 1-乙基-3-甲基咪唑电解液黏度根据方程（2-21）拟合参数

表 2-22

添加剂	$\eta = \eta_0 \exp(-E_\eta/RT)$		
	$\eta_0 (mPa\cdot s)$	$E_\eta(kJ/mol)$	R^2
空白	0.0211	16.552	0.9970
LiCl	0.0289	15.640	0.9980

添加剂	$\eta = \eta_0 \exp(-E_\eta / RT)$		
	η_0(mPa·s)	E_η(kJ/mol)	R^2
LiBr	0.0163	17.315	0.9949
NaCl	0.0195	16.763	0.9998
NaBr	0.0146	17.811	0.9983
DCE	0.0431	14.515	0.9991
EC	0.0179	17.038	0.9991
THF	0.0198	16.498	0.9991

4. AlCl₃-EMImCl 电解液的电导率

摩尔比为 1.3 的 AlCl₃-EMImCl 电解液在 313~373K 温度范围内的电导率列于表 2-23。图 2-20(a) 中显示各个体系电导率与实验温度的关系曲线，电导率-温度曲线符合 Arrhenius 公式：

$$\sigma = \sigma_0 \exp\left(\frac{-E_\sigma}{RT}\right) \tag{2-23}$$

式中 σ_0——拟合参数，mS/cm；

       E_σ——拟合参数，kJ/mol。

拟合参数见表 2-24。

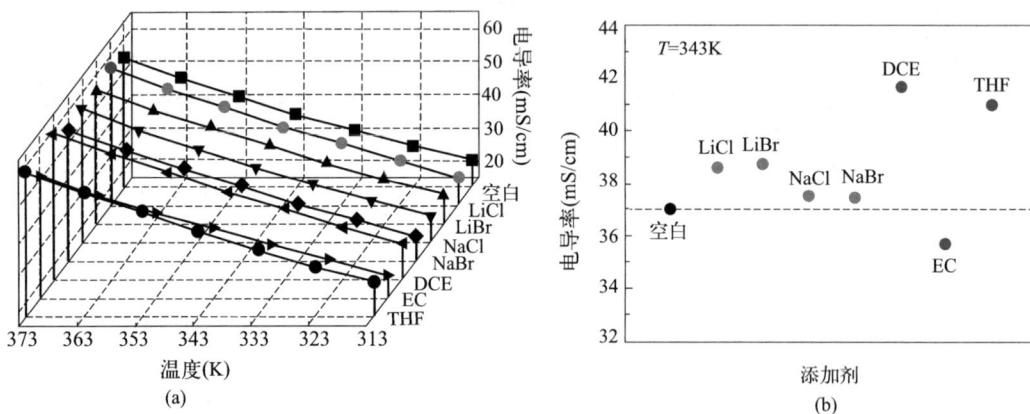

图 2-20 含不同添加剂的氯化铝-氯化 1-乙基-3-甲基咪唑电解液的电导率
(a) 电导率随温度的变化曲线；(b) 343K 时的电导率

不同温度下含不同添加剂的氯化铝-氯化 1-乙基-3-甲基咪唑电解液的电导率   表 2-23

T(K)	σ(mS/cm)							
	空白	LiCl	LiBr	NaCl	NaBr	DCE	EC	THF
313	23.18	23.54	23.33	22.82	22.30	26.21	21.97	25.63
323	27.29	28.67	28.34	27.66	27.29	30.93	26.48	30.22
333	32.11	33.83	33.60	32.40	32.26	36.30	31.00	35.67
343	37.02	38.60	38.72	37.53	37.42	41.72	35.68	41.00

$T(\mathrm{K})$	$\sigma(\mathrm{mS/cm})$							
	空白	LiCl	LiBr	NaCl	NaBr	DCE	EC	THF
353	42.39	44.70	44.22	43.18	43.04	47.55	40.70	46.82
363	47.93	50.20	49.04	48.78	48.86	53.27	46.05	52.87
373	54.07	56.31	55.25	55.38	54.75	59.11	51.66	58.83

图 2-20（a）为 $AlCl_3$-EMImCl 电解液的电导率与温度的关系。所有体系的电导率均随温度的升高而增加，这主要是因为随着温度的升高，离子液体内离子迁移和电荷迁移能力增强[129]。如图 2-20（b）所示，添加碱金属卤化物前后 $AlCl_3$-EMImCl 的电导率遵循以下顺序：LiCl＞LiBr＞NaCl＞NaBr＞空白。虽然溴化物增加了 $AlCl_3$-EMImCl 电解液的黏度，但是含溴化物的电解液电导率却增加了。在氯化铝基离子液体中，$[AlCl_4]^-$ 络合物比 $[Al_2Cl_7]^-$ 络合物更具导电性，这是因为 $[AlCl_4]^-$ 络合物的体积较小且几何对称性更高[129]。根据拉曼光谱分析，含碱金属卤化物的 $AlCl_3$-EMImCl 电解液中 $[AlCl_4]^-$ 的摩尔浓度增加。此外，与 $AlCl_3$-EMImCl 空白体系中存在的其他络合离子相比，Li^+ 和 Na^+ 的尺寸较小，在液体中的迁移速率较高。因此，上述变化是含碱金属卤化物的 $AlCl_3$-EMImCl 电解液的电导率增加的主要原因。根据拉曼光谱分析可知，有机物具有增加 $AlCl_3$-EMImCl 电解液中 $[AlCl_4]^-$ 含量的趋势。然而，只有 DCE 和 THF 显著提高了 $AlCl_3$-EMImCl 电导率，EC 降低了体系的电导率。如前述，有机物分子中只有 EC 增大了 $AlCl_3$-EMImCl 的黏度，这是导致其降低 $AlCl_3$-EMImCl 体系电导率的主要因素。这进一步证实黏度和电导率成反比关系的特性。从上述分析可知，对于有机物 DCE 和 THF，由黏度降低引起的离子运动增强是它们提高 $AlCl_3$-EMImCl 电解液的电导率的主要因素。

含不同添加剂的氯化铝-氯化 1-乙基-3-甲基咪唑电解液电导率根据方程（2-23）拟合参数

表 2-24

添加剂	$\sigma=\sigma_0\exp(-E_\sigma/RT)$		
	$10^4\sigma_0(\mathrm{mS/cm})$	$E_\sigma(\mathrm{kJ/mol})$	R^2
空白	0.4388	13.628	0.9998
LiCl	0.4706	13.702	0.9981
LiBr	0.4210	13.415	0.9965
NaCl	0.5080	14.010	0.9993
NaBr	0.5265	14.132	0.9983
DCE	0.3933	12.990	0.9985
EC	0.4109	13.556	0.9993
THF	0.4361	13.329	0.9990

上述讨论的电导率反映的是室温熔盐体系中电荷传递的有效离子总数，而每个体系有不同的离子浓度，故借助摩尔电导率进一步分析熔盐体系的导电机理，它也是研究离子移动不可缺少的一项。

含不同碱金属卤化物或有机物的 $AlCl_3$-EMImCl 电解液的摩尔电导率可依据式(2-24)计算得到：

$$\Lambda = V_m\sigma = \frac{\sigma M}{\rho} \tag{2-24}$$

式中　Λ——摩尔电导率，$mS\cdot cm^2/mol$；

　　　　V_m——摩尔体积，cm^3/mol；

　　　　M——摩尔质量，g/mol。

所有 $AlCl_3$-EMImCl 电解液的摩尔电导率计算结果列于表 2-25 中。根据表 2-25 的数据结果绘制出温度与摩尔电导率的关系，如图 2-21(a) 所示。随着温度的升高，各体系的摩尔电导率呈现上升趋势，与温度和电导率的关系相同，这表明离子的移动性依赖于温度。

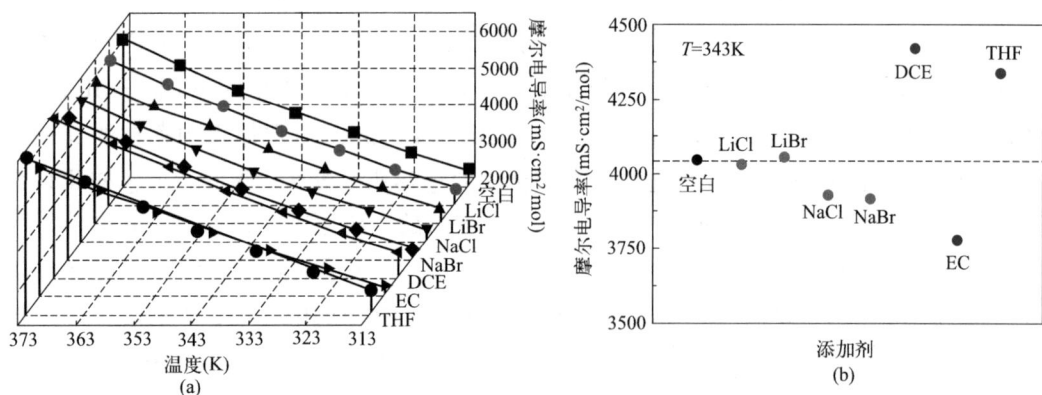

图 2-21　含不同添加剂的氯化铝-氯化 1-乙基-3-甲基咪唑电解液的摩尔电导率
(a) 摩尔电导率随温度的变化曲线；(b) 343K 时的摩尔电导率

不同温度下含不同添加剂的氯化铝-氯化 1-乙基-3-甲基咪唑电解液的摩尔电导率 表 2-25

T(K)	σ_m($mS\cdot cm^2/mol$)							
	空白	LiCl	LiBr	NaCl	NaBr	DCE	EC	THF
313	2501.1	2425.5	2407.0	2355.8	2303.3	2738.2	2287.7	2667.9
323	2939.7	2969.8	2939.3	2870.6	2833.6	3248.5	2772.0	3162.4
333	3484.1	3520.2	3500.6	3377.8	3364.8	3829.9	3262.4	3752.7
343	4041.0	4035.0	4052.4	3933.5	3920.7	4422.0	3775.1	4336.7
353	4646.0	4694.1	4652.8	4546.5	4533.6	5067.2	4329.5	4979.0
363	5330.9	5296.1	5183.7	5159.9	5174.2	5707.5	4925.2	5653.0
373	6053.7	5968.3	5871.6	5889.8	5824.7	6362.9	5551.0	6324.7

如图 2-21(b) 所示，添加剂对电解液摩尔电导率的影响遵循以下规律：DCE＞THF＞LiCl≈LiBr≈空白＞NaCl＞NaBr＞EC。正如预期的那样，含有 DCE 和 THF 的电解液离子迁移率比其他体系高，这主要归功于 $AlCl_3$-EMImCl-DCE/THF 体系中相对弱的阴阳离子间的相互作用。DCE 和 THF 不仅降低了液体中离子的堆积密度，而且提高了离子电

荷转移速率。另外，尽管含碱金属卤化物的 AlCl₃-EMImCl 电解液的电导率增加了，但是它们的摩尔电导率并未显著提高。这表明有机物对 AlCl₃-EMImCl 基电解液的离子迁移性的影响要大于碱金属卤化物。因此，具有强黏度降低潜力的添加剂比包含小尺寸导电离子的添加剂更有利于提高 AlCl₃-EMImCl 电解液的电导率。

5. AlCl₃-EMImCl 电解液的电化学行为

摩尔比为 1.3 的 AlCl₃-EMImCl 电解液的循环伏安和线性伏安曲线如图 2-22 所示。在阴极循环伏安过程中出现一对明显的还原氧化峰，它们分别对应于金属铝的沉积和溶解过程。当电解液中含少量的碱金属卤化物或有机物添加剂时，氧化还原峰电流密度降低。根据拉曼光谱结果分析可知，这是由液体中的电化学活性物质（$[Al_2Cl_7]^-$）含量降低导致的。

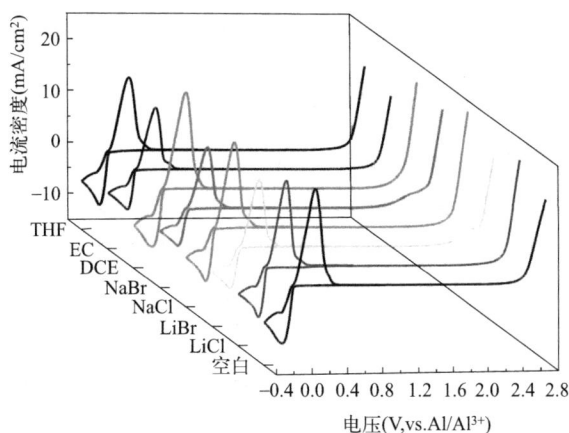

图 2-22　含不同添加剂的氯化铝-氯化 1-乙基-3-甲基咪唑电解液的电化学行为，扫描速率 10mV/s

循环伏安曲线中的起始还原电位（E_0）、氧化还原峰电流密度（j_c 和 j_a）、线性伏安曲线中阳极极限电位（E_{lim}）和沉积-溶解效率（μ_{CV}）列于表 2-26。从表中可知，向 AlCl₃-EMImCl 中加入添加剂后，电解液的起始还原电位 E_0 向负方向移动 15～30mV。作为铝电池的电解液，氯化铝基室温熔盐的阳极极限电位是一个重要的参数，它直接决定了铝电池的极限充电电压。含 LiBr 或 NaBr 的电解液的 E_{lim} 负向移动至 1.90～2.00V。显然，溴化物明显降低了氯化铝基电解液的电化学窗口，这限制了含溴的氯化铝基电解液在高工作电压铝电池中的应用。其他添加剂趋于增加电解液的阳极极限电位。为了评估添加剂对 AlCl₃-EMImCl 中铝的沉积-溶解过程的影响，用式（2-25）计算其沉积-溶解效率（定义为 μ_{CV}）[161]：

$$\mu_{CV} = \frac{Q^+}{Q^-} \tag{2-25}$$

其中，Q^+ 和 Q^- 分别为循环伏安曲线中氧化峰和还原峰的积分面积，计算结果列于表 2-26。从表 2-26 中可知，所有的添加剂不同程度地提高了电解液中金属铝的沉积/溶解效率。其中含添加剂 DCE 的电解液中金属铝的沉积-溶解效率最高，可以达到 96.77%。

循环伏安曲线中起始还原电位（E_0）、氧化还原峰电流密度（j_c 和 j_a）、
阳极极限电位（E_{lim}）和沉积-溶解效率（μ_{CV}）　　表2-26

添加剂	E_0(V)	j_c(mA/cm^2)	j_a(mA/cm^2)	E_{lim}(V)	μ_{CV}(%)
空白	−0.065	−11.21	18.74	2.40	92.31
LiCl	−0.075	−9.89	16.58	2.43	93.34
LiBr	−0.075	−8.13	13.09	2.10	93.26
NaCl	−0.077	−10.48	16.54	2.42	95.18
NaBr	−0.074	−7.29	11.76	2.00	94.58
EC	−0.092	−8.11	12.70	2.40	94.05
THF	−0.094	−11.26	14.95	2.45	95.42
DCE	−0.088	−15.39	23.18	2.46	96.77

2.4.2　氯化铝-酰胺电解液物理化学性质的改性

1. 氯化铝-酰胺电解液的拉曼光谱

不同摩尔比的氯化铝-乙酰胺和氯化铝-尿素电解液的拉曼光谱如图2-23所示。从图中可知，位于 $347cm^{-1}$ 和 $310cm^{-1}$ 处两个典型的拉曼特征峰对应了 $[AlCl_4]^-$ 和 $[Al_2Cl_7]^-$ 络合物。当 $AlCl_3$ 与酰胺混合后，以反应（2-26）形式生成 $[AlCl_4]^-$ 络合物[156]。当加入更多的 $AlCl_3$ 时，$AlCl_3$ 会与 $[AlCl_4]^-$ 离子生成 $[Al_2Cl_7]^-$ 络合物，如反应（2-17）。在 $AlCl_3$-酰胺中存在一些动态平衡，如反应（2-26）、（2-27）和（2-28）。因此 $AlCl_3$-酰胺中主要包含 $[AlCl_2 \cdot Amide]^+$、$[AlCl_2 \cdot 2Amide]^+$、$[AlCl_4]^-$、$[Al_2Cl_7]^-$ 离子物质和 $[AlCl_3 \cdot Amide]$、$[Al_2Cl_6 \cdot Amide]$ 中性配体。

$$2AlCl_3 + \alpha Amide \Leftrightarrow [AlCl_2 \cdot \alpha Amide]^+ + [AlCl_4]^- (\alpha=1,2) \quad (2\text{-}26)$$

$$[AlCl_2 \cdot 2Amide]^+ + [AlCl_4]^- \Leftrightarrow 2[AlCl_3 \cdot Amide] \quad (2\text{-}27)$$

$$[AlCl_2 \cdot 2Amide]^+ + [Al_2Cl_7]^- \Leftrightarrow [AlCl_3 \cdot Amide] + [Al_2Cl_6 \cdot Amide] \quad (2\text{-}28)$$

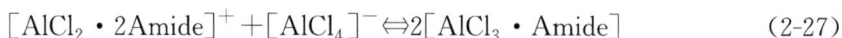

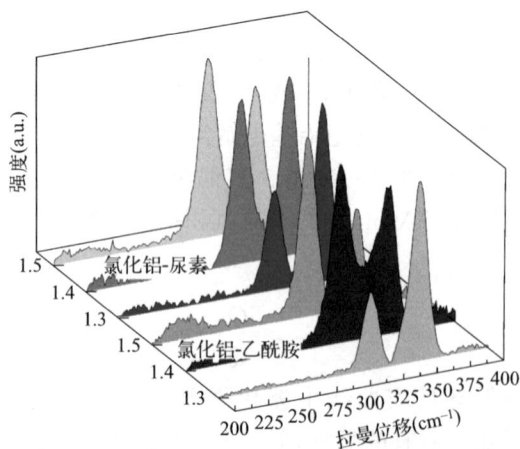

图2-23　不同摩尔比的氯化铝-乙酰胺和氯化铝-尿素电解液的拉曼光谱

不同摩尔比的氯化铝-乙酰胺和氯化铝-尿素电解液的拉曼峰面积比（I_{310}/I_{347}） 表 2-27

摩尔比	I_{310}/I_{347}	
	氯化铝-乙酰胺	氯化铝-尿素
1.3	0.65	0.54
1.4	1.20	0.89
1.5	1.84	1.30

氯化铝-酰胺电解液中能够电沉积金属铝的电化学物质为 $[Al_2Cl_7]^-$ 络合物[162]，进一步计算不同摩尔比氯化铝-酰胺电解液中 $[Al_2Cl_7]^-$ 络合物相对于 $[AlCl_4]^-$ 的拉曼峰面积之比（I_{310}/I_{347}），结果见表 2-27。与 $AlCl_3$-EMImCl 基电解液相似，随着摩尔比增大，$AlCl_3$-酰胺体系中 $[Al_2Cl_7]^-$ 络合离子相对含量逐渐增多，$[AlCl_4]^-$ 络合离子相对含量逐渐降低。

根据 I_{310}/I_{347}，估算了摩尔比为 1.5 的氯化铝-酰胺电解液中的 $[Al_2Cl_7]^-$ 和 $[AlCl_4]^-$ 络合离子的浓度。由文献报道可知[163]，氯化铝-酰胺基熔盐的酸性物质为 $[Al_2Cl_7]^-$ 和 $[AlCl_2 \cdot \alpha Amide]^+$，且液体的酸度定义为每 1000g 液体消耗硝基苯的物质的量。酸度与两种酸性物质的量之和呈线性关系。研究表明，摩尔比为 1.5 的氯化铝-N-甲基乙酰胺、氯化铝-乙酰胺和氯化铝-尿素体系的酸度分别为 1.81、1.34 和 0.82，且 1000g 的氯化铝-N-甲基乙酰胺体系中酸性物质 $[Al_2Cl_7]^-$ 和 $[AlCl_2 \cdot \alpha Amide]^+$ 的含量分别为 0.7808mol 和 1.0140mol[163]，因此，3 种液体中酸性络合物的物质的量比值为 1.81∶1.34∶0.82。由此可计算氯化铝-乙酰胺和氯化铝-尿素体系中的酸性物质的量。

在氯化铝-乙酰胺液体中：

$$n([Al_2Cl_7]^-) + n([AlCl_2 \cdot \alpha Amide]^+) = (0.7808 + 1.0140) \times \frac{1.34}{1.81} = 1.3287 \text{mol}$$

在氯化铝-尿素液体中：

$$n([Al_2Cl_7]^-) + n([AlCl_2 \cdot \alpha Amide]^+) = (0.7808 + 1.0140) \times \frac{0.82}{1.81} = 0.8131 \text{mol}$$

假设氯化铝-酰胺液体中 $[AlCl_4]^-$、$[Al_2Cl_7]^-$ 和 $[AlCl_2 \cdot \alpha Amide]^+$ 络合物的物质的量分别为 x、y 和 z(mol)，可得：

氯化铝-乙酰胺：$y+z=1.3287$；$x+y=z$(电荷守恒)；$y=1.84x$(源于 I_{310}/I_{347})

氯化铝-尿素：$y+z=0.8131$；$x+y=z$(电荷守恒)；$y=1.30x$(源于 I_{310}/I_{347})

由此可计算每 1000g 的氯化铝-乙酰胺和氯化铝 尿素中 $[Al_2Cl_7]^-$ 络合物的量分别为 0.5224mol 和 0.2936mol。

室温下，氯化铝-酰胺的密度约为 1.5g/cm³[164]，因此电解液中 $[Al_2Cl_7]^-$ 络合物的浓度为：

$$氯化铝\text{-}乙酰胺: c([Al_2Cl_7]^-) = \frac{0.5224}{\dfrac{1000}{1.5 \times 1000}} = 0.78 \text{mol/L}$$

$$氯化铝\text{-}尿素: c([Al_2Cl_7]^-) = \frac{0.2936}{\dfrac{1000}{1.5 \times 1000}} = 0.44 \text{mol/L}$$

因此，氯化铝-乙酰胺和氯化铝-尿素（摩尔比 1.5）中 $[Al_2Cl_7]^-$ 的浓度分别为 0.78mol/L 和 0.44mol/L，明显低于 AlCl₃-EMImCl（2.2mol/L）。电解液中电活性离子 $[Al_2Cl_7]^-$ 的浓度顺序为：AlCl₃-EMImCl＞氯化铝-乙酰胺＞氯化铝-尿素。根据 I_{310}/I_{347} 计算了氯化铝-乙酰胺和氯化铝-尿素电解液中 $[AlCl_4]^-$ 络合离子浓度分别为 0.42mol/L 和 0.34mol/L。因此，3 种氯化铝基电解液中含铝络合阴离子（$[Al_2Cl_7]^-$ 和 $[AlCl_4]^-$）的浓度顺序为：AlCl₃-EMImCl＞氯化铝-乙酰胺＞氯化铝-尿素。

含不同碱金属卤化物或有机物的氯化铝-乙酰胺和氯化铝-尿素电解液的拉曼光谱如图 2-24 所示，并且计算了各体系的 I_{310}/I_{347} 值，结果见表 2-28。与空白体系相比，几乎所有含不同碱金属卤化物或有机物体系的 $[Al_2Cl_7]^-$ 络合物的相对含量略有下降。碱金属卤化物或有机物添加剂和电解液中 $[Al_2Cl_7]^-$ 络合物或 $[AlCl_3 \cdot Amide]$、$[Al_2Cl_6 \cdot Amide]$ 中性物质发生反应生成 $[AlCl_4]^-$ 离子以及新的络合离子，从而改变了电解液的离子组成。碱金属卤化物通过反应（2-19）、（2-29）和（2-30），EC/THF/DCE 通过反应（2-20）和（2-31），EMImCl 通过反应（2-32）和（2-33）参与电解液中离子反应。

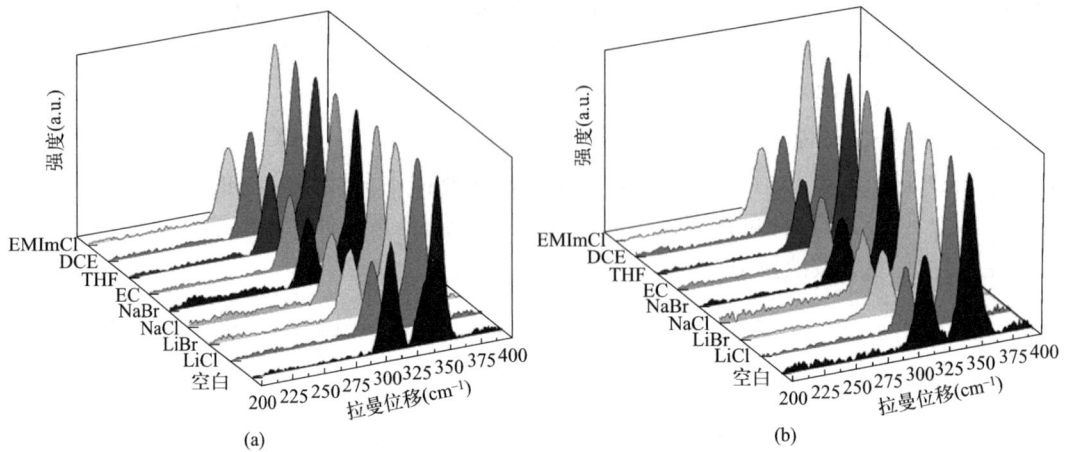

图 2-24 含不同添加剂的氯化铝-酰胺电解液的拉曼光谱
（a）氯化铝-乙酰胺；（b）氯化铝-尿素

含不同添加剂的氯化铝-酰胺电解液的峰面积比（I_{310}/I_{347}）　　表 2-28

添加剂	I_{310}/I_{347}	
	氯化铝-乙酰胺	氯化铝-尿素
空白	0.65	0.54
LiCl	0.42	0.39
LiBr	0.42	0.36
NaCl	0.42	0.37
NaBr	0.41	0.37
EC	0.44	0.42
THF	0.46	0.42
DCE	0.66	0.57
EMImCl	0.43	0.41

$$[AlCl_3 \cdot Amide] + MX \Leftrightarrow [AlCl_3X \cdot Amide]^- + M^+ \Leftrightarrow$$
$$[AlCl_3X]^- + Amide + M^+ \quad (M = Li/Na; X = Cl/Br) \tag{2-29}$$

$$[AlCl_2 \cdot \alpha Amide]^+ + 2MX \Leftrightarrow [2M \cdot AlCl_2X_2 \cdot \alpha Amide]^+ \quad (M = Li, Na; X = Cl, Br) \tag{2-30}$$

$$[Al_2Cl_6 \cdot Amide] + nL \Leftrightarrow [Al_2Cl_6 \cdot nL \cdot Amide] \Leftrightarrow [AlCl_2 \cdot nL \cdot Amide]^+$$
$$+ [AlCl_4]^- \Leftrightarrow [AlCl_2 \cdot Amide]^+ + [AlCl_4]^- + nL \, (L = EC/THF/DCE) \tag{2-31}$$

$$[Al_2Cl_7]^- + EMImCl \Leftrightarrow 2[AlCl_4]^- + [EMIm]^+ \tag{2-32}$$

$$[AlCl_2 \cdot \alpha Amide]^+ + 2EMImCl \Leftrightarrow [2EMIm \cdot AlCl_4 \cdot \alpha Amide]^+$$
$$\Leftrightarrow [AlCl_4]^- + [EMIm \cdot \alpha Amide]^+ + EMIm^+ \tag{2-33}$$

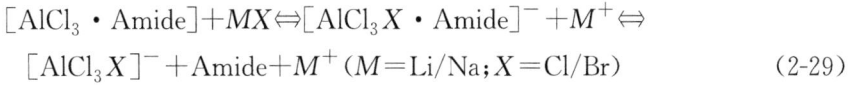

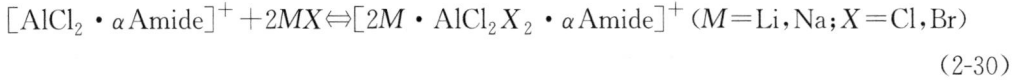

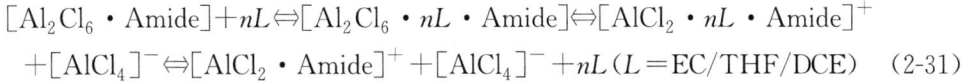

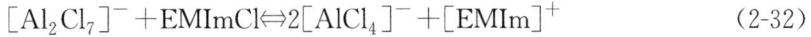

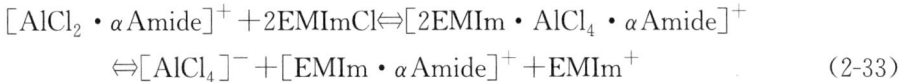

2. 氯化铝-酰胺电解液的密度

摩尔比为1.3的氯化铝-乙酰胺和氯化铝-尿素电解液在313～373K温度范围内的密度如图2-25所示。所有体系的密度均随温度的升高而减小。根据经验公式(2-4)，所有的密度与实验温度呈现良好的线性关系。密度的实验数据和线性方程的拟合参数见表2-29和表2-30。

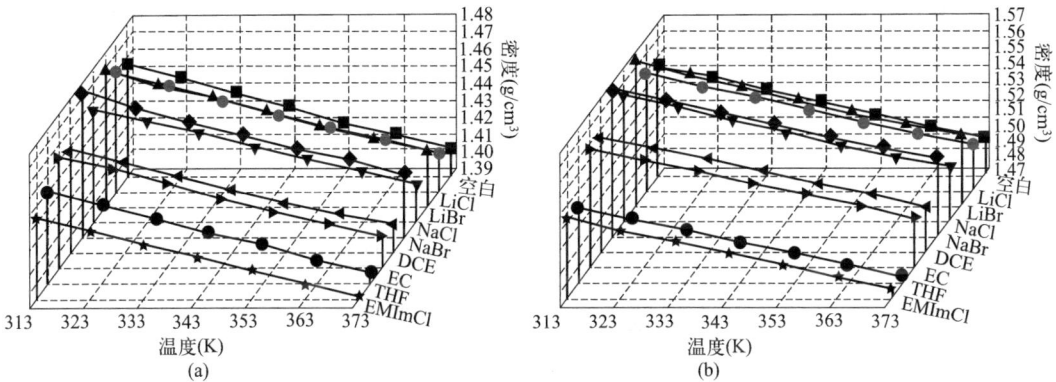

图2-25　含不同添加剂氯化铝-酰胺电解液密度随温度变化曲线
（a）氯化铝-乙酰胺；（b）氯化铝-尿素

不同温度下含不同添加剂的氯化铝-酰胺电解液的密度　　　　表 2-29

T(K)	ρ(g/cm³)								
	空白	LiCl	LiBr	NaCl	NaBr	DCE	EC	THF	EMImCl
	氯化铝-乙酰胺								
313	1.456	1.460	1.469	1.456	1.474	1.450	1.455	1.444	1.437
323	1.447	1.452	1.461	1.449	1.466	1.443	1.448	1.436	1.430
333	1.439	1.443	1.454	1.442	1.458	1.435	1.440	1.428	1.422
343	1.430	1.435	1.446	1.434	1.450	1.427	1.431	1.420	1.415
353	1.421	1.428	1.437	1.427	1.442	1.419	1.423	1.413	1.407
363	1.414	1.421	1.430	1.420	1.435	1.413	1.416	1.404	1.399
373	1.406	1.413	1.423	1.413	1.426	1.407	1.409	1.397	1.392

T(K)	$\rho(\text{g/cm}^3)$								
	空白	LiCl	LiBr	NaCl	NaBr	DCE	EC	THF	EMImCl
	氯化铝-尿素								
313	1.542	1.547	1.564	1.553	1.567	1.546	1.548	1.520	1.523
323	1.535	1.539	1.556	1.546	1.560	1.539	1.541	1.513	1.515
333	1.527	1.532	1.548	1.537	1.552	1.532	1.534	1.506	1.508
343	1.519	1.524	1.540	1.529	1.544	1.524	1.526	1.498	1.501
353	1.511	1.516	1.532	1.521	1.536	1.516	1.519	1.491	1.493
363	1.503	1.509	1.525	1.513	1.529	1.509	1.511	1.483	1.485
373	1.496	1.502	1.517	1.507	1.522	1.501	1.504	1.476	1.478

含不同添加剂的氯化铝-酰胺电解液的密度根据方程（2-4）的拟合参数　表 2-30

添加剂	$\rho = a + bT$		
	$a(\text{g/cm}^3)$	$-b \times 10^{-4}[\text{g/(cm}^3 \cdot \text{K)}]$	R^2
	氯化铝-乙酰胺		
空白	1.7144	8.2786	0.9987
LiCl	1.7015	7.7429	0.9981
LiBr	1.7106	7.7214	0.9988
NaCl	1.6795	7.1500	0.9997
NaBr	1.7221	7.9286	0.9995
DCE	1.6789	7.3214	0.9964
EC	1.6986	7.7857	0.9983
THF	1.6898	7.8571	0.9994
EMImCl	1.6743	7.5714	0.9996
	氯化铝-尿素		
空白	1.7866	7.8000	0.9991
LiCl	1.7814	7.5000	0.9983
LiBr	1.8086	7.8214	0.9996
NaCl	1.7990	7.8571	0.9978
NaBr	1.8052	7.6074	0.9992
DCE	1.7810	7.5000	0.9997
EC	1.7797	7.3929	0.9996
THF	1.7517	7.3929	0.9996
EMImCl	1.7577	7.5000	0.9995

　　随着温度升高，阳离子和阴离子的振动加快，库仑力减弱，自由空穴体积增加，从而导致密度降低[165]。在相同温度下，两种氯化铝-酰胺离子液体类似物的密度遵循氯化铝-乙酰胺＜氯化铝-尿素的顺序，这与酰胺本身的密度大小一致（乙酰胺：1.16g/cm³ 和尿

素：1.32g/cm^3）[165]。这表明上述氯化铝-酰胺电解液的密度可能与酰胺本身的密度有关。如图 2-25 所示，含碱金属卤化物的氯化铝-乙酰胺和氯化铝-尿素电解液的密度表现出与 AlCl$_3$-EMImCl 相似的规律：NaBr，LiBr＞NaCl，LiCl，这进一步证实了无机盐阴离子对密度的影响比阳离子更加显著。这不仅是因为碱金属卤化物的密度要比氯化铝-酰胺体系的密度大。更重要的是碱金属卤化物中小半径阳离子占据了液体内的空穴，导致单位体积内物质的数量增多。此外，由于碱金属卤化物与熔盐中物质发生络合反应使得熔体的平均空穴半径减小，从而导致密度略有增加。三种有机分子对密度的影响是 EC＞DCE≥空白＞THF，这与它们的密度顺序一致。由于 EMImCl 中的咪唑阳离子结构尺寸较大，从而增加了熔体中自由空穴体积并导致单位体积中物质的含量降低，因此 EMImCl 显著降低了氯化铝-酰胺体系的密度。

3. 氯化铝-尿素电解液的黏度

摩尔比为 1.3 的氯化铝-乙酰胺和氯化铝-尿素电解液在 313～373K 温度范围内的黏度列于表 2-31。图 2-26(a) 和（b）显示了各个体系的黏度与实验温度的关系曲线，黏度-温度曲线符合 Arrhenius 公式（2-21）。拟合参数见表 2-32。离子液体类似物的黏度通常归因于液体内不同化学基团之间的氢键网、离子尺寸、空隙体积以及其他作用力，例如静电或范德华相互作用力[166]。如图 2-26(a) 和（b）所示，当温度升高时，氯化铝-乙酰胺和氯化铝-尿素电解液的黏度急剧下降，这表明温度升高时液体中不同化学基团之间聚合能和氢键作用力急剧下降[165]。此外，增加的自由体积使得离子更加容易在空穴之间移动，从而进一步降低液体的黏度[167]。

不同温度下含不同添加剂的氯化铝-酰胺电解液的黏度　　　　　　　表 2-31

T(K)	η(mPa·s)								
	空白	LiCl	LiBr	NaCl	NaBr	DCE	EC	THF	EMImCl
氯化铝-乙酰胺									
313	46.144	45.960	46.537	44.799	47.528	40.904	46.478	41.364	38.372
323	30.017	30.033	32.387	31.880	33.112	28.952	32.121	28.995	27.301
333	22.060	21.998	23.613	22.857	24.040	20.635	23.769	21.271	20.154
343	16.709	16.524	17.783	17.092	18.033	16.339	18.007	16.301	14.858
353	13.132	12.831	14.039	13.630	13.809	12.625	14.216	12.705	11.829
363	10.587	10.222	11.185	10.769	11.351	10.348	11.157	10.257	9.686
373	8.745	8.445	9.156	9.108	9.247	8.533	8.862	8.548	8.084
氯化铝-尿素									
313	48.967	44.455	47.483	49.627	50.558	40.782	71.298	45.531	39.131
323	33.931	31.711	32.741	33.741	35.061	28.449	46.736	31.366	27.327
333	24.575	22.377	24.378	24.587	25.318	21.097	31.016	23.798	20.446
343	18.760	17.137	18.274	18.013	18.618	16.421	21.638	17.526	15.716
353	14.716	13.264	14.483	14.662	14.885	13.303	16.710	13.698	12.671
363	11.844	10.591	11.572	11.698	11.760	10.946	12.992	11.144	10.169
373	9.307	8.945	9.618	9.699	9.748	9.336	11.133	9.356	8.538

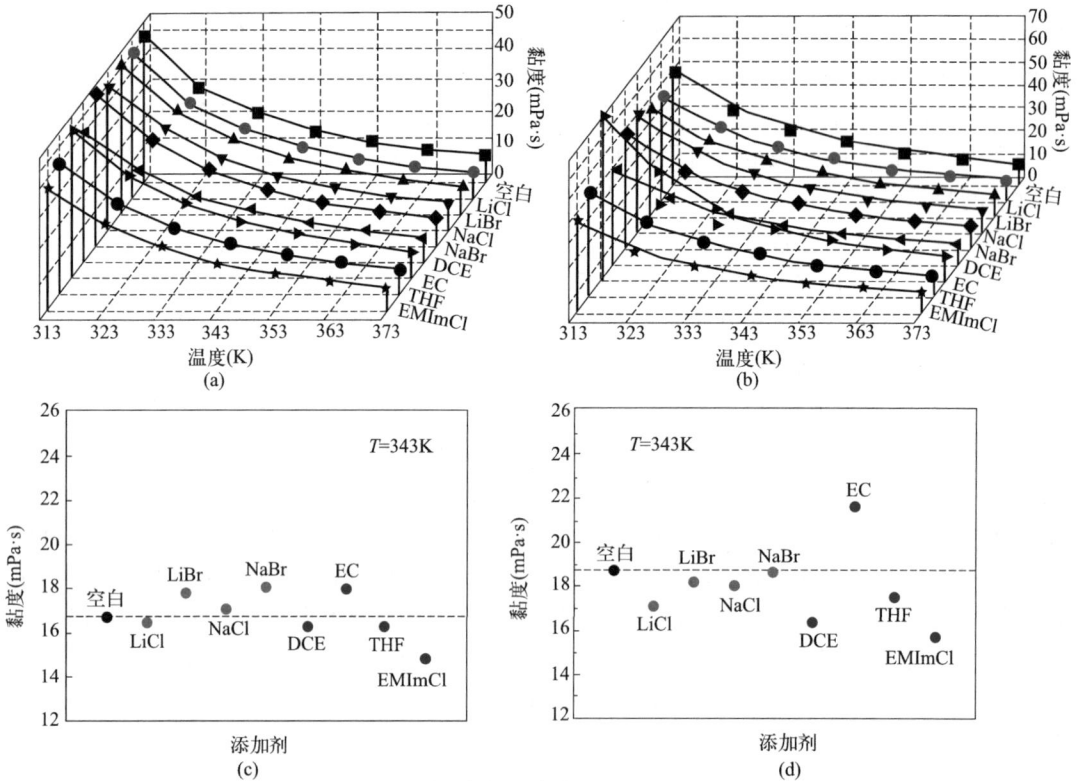

图 2-26　含不同添加剂的氯化铝-酰胺电解液的黏度

（a）氯化铝-乙酰胺；（b）氯化铝-尿素；（c）343K 时氯化铝-乙酰胺；（d）343K 时氯化铝-尿素

通过比较 343K 时氯化铝-乙酰胺和氯化铝-尿素电解液的黏度，考察了碱金属卤化物或有机物对电解液黏度的影响。如图 2-26（c）所示，含碱金属卤化物的氯化铝-乙酰胺体系的黏度有增加的趋势。氯化铝-乙酰胺电解液的相对分子质量随碱金属卤化物的加入而增加，因此范德华力增加[165]。此外，由于空隙体积的减少，液体中自由物质的迁移率也降低了[166]。这两个因素导致碱金属卤化物增加了氯化铝-乙酰胺电解液的黏度。在相同温度下，DCE、THF 和 EMImCl 降低了氯化铝-乙酰胺的黏度，这归因于有机物作为稀释剂可溶解熔体中的组分离子，从而减弱了这些离子的聚集[167]。该结果证实了类离子液体的黏度对有机溶剂特别敏感，加入少量的有机溶剂可以极大地降低类离子液体的黏度[168]。另外，EMImCl 降低氯化铝-乙酰胺黏度的程度比 DCE 和 THF 更明显，这是由于 EMImCl 增加了液体中的空隙体积。与其他有机物相反，EC 导致氯化铝-乙酰胺的黏度增加。这可能是由于 EC 中的三个氧原子与离子液体类似物中的化学基团发生络合反应而形成较大的氢键网，从而导致了含 EC 的氯化铝-乙酰胺具有较高黏度。

如图 2-26（d）所示，有机物对氯化铝-尿素黏度的影响表现出与氯化铝-乙酰胺体系相似的规律：DCE、THF 和 EMImCl 降低氯化铝-尿素的黏度，而 EC 增加了氯化铝-尿素的黏度。与碱金属卤化物具有增大氯化铝-乙酰胺黏度的趋势不同，碱金属卤化物降低了氯化铝-尿素体系的黏度。碱金属卤化物对氯化铝-乙酰胺和氯化铝-尿素两种液体黏度的影响存在明显的差异。氯化铝-酰胺体系的氢键是通过酰胺中的 NH₂ 官能团形成的，尿素具有两个 NH₂ 官能团，而乙酰胺仅具有一个 NH₂ 官能团。因此，相比于氯化铝-乙酰胺体系，氯化铝-尿素中形成的 3D 的氢键网格则会更大更强[150]。当向氯化铝-尿素体系中添加碱金属卤化物后，氯化铝-尿素中的氢键网络的部分断裂程度更大，这成为克服各组分之间其他作用力的主导因素。因此，含碱金属卤化物的氯化铝-尿素体系的黏度比空白体系的黏度要低。

含不同添加剂的氯化铝-酰胺电解液的黏度根据方程（2-21）的拟合参数　　表 2-32

添加剂	$\eta = \eta_0 \exp(-E_\eta/RT)$		
	η_0(mPa·s)	E_η(kJ/mol)	R^2
氯化铝-乙酰胺			
空白	0.00065	28.975	0.9906
LiCl	0.00055	29.382	0.9928
LiBr	0.00114	27.592	0.9973
NaCl	0.00118	27.418	0.9975
NaBr	0.00102	27.937	0.9975
DCE	0.00138	26.766	0.9960
EC	0.00118	27.490	0.9976
THF	0.00132	26.898	0.9971
EMImCl	0.00131	26.732	0.9973
氯化铝-尿素			
空白	0.00113	27.750	0.9971
LiCl	0.00108	27.619	0.9974
LiBr	0.00133	27.239	0.9963
NaCl	0.00096	28.266	0.9970
NaBr	0.00099	28.109	0.9952
DCE	0.00214	25.591	0.9926
EC	0.00017	33.612	0.9952
THF	0.00132	27.140	0.9970
EMImCl	0.00179	25.954	0.9954

4. 氯化铝-酰胺电解液的电导率

摩尔比为 1.3 的氯化铝-乙酰胺和氯化铝-尿素电解液在 313～373K 温度范围内的电导率列于表 2-33。图 2-27(a) 和（b）中显示了各个体系的电导率与实验温度的关系曲线，电导率-温度曲线符合 Arrhenius 公式(2-23)。拟合参数见表 2-34。

不同温度下含添加剂的氯化铝-酰胺电解液的电导率　　表 2-33

T(K)	σ(mS/cm)								
	空白	LiCl	LiBr	NaCl	NaBr	DCE	EC	THF	EMImCl
氯化铝-乙酰胺									
313	2.35	2.70	2.58	2.52	2.50	2.45	2.19	2.46	2.99
323	3.16	3.73	3.41	3.28	3.33	3.26	2.92	3.27	4.03

T(K)	σ(mS/cm)								
	空白	LiCl	LiBr	NaCl	NaBr	DCE	EC	THF	EMImCl
氯化铝-乙酰胺									
333	4.21	4.81	4.55	4.27	4.37	4.30	3.77	4.21	5.09
343	5.34	6.21	5.73	5.58	5.68	5.45	4.76	5.40	6.37
353	6.77	7.64	7.32	7.04	6.96	6.87	5.98	6.87	7.85
363	8.08	9.40	8.62	8.41	8.36	8.39	7.17	8.21	9.21
373	9.46	11.06	10.39	10.30	9.64	10.38	8.41	9.98	10.96
氯化铝-尿素									
313	2.34	2.66	2.73	2.60	2.61	2.34	1.97	2.42	3.04
323	3.19	3.60	3.69	3.52	3.57	3.57	2.70	3.27	4.02
333	4.18	4.73	4.82	4.63	4.72	4.22	3.57	4.22	5.21
343	5.22	5.97	6.05	5.85	6.00	5.24	4.61	5.31	6.46
353	6.50	7.57	7.48	7.36	7.24	6.76	5.80	6.60	7.94
363	7.81	9.20	9.14	9.07	8.79	7.96	6.95	7.95	9.37
373	9.31	11.04	10.95	10.67	10.57	9.41	8.30	9.42	11.04

如所预期的，含碱金属卤化物的氯化铝-乙酰胺和氯化铝-尿素电解液的电导率随温度升高而增加。温度的升高导致液体熔体中物质间相互作用变弱，平均空穴半径增加，从而使离子在空隙之间移动的可能性更高[165]。除 EC 外，所有含添加剂的氯化铝-酰胺电解液的电导率均增加（图 2-27c、d）。对于有机物，电导率的变化与黏度成反比。DCE、THF 和 EMImCl 削弱了氯化铝-酰胺中各组分之间的相互作用力而导致离子运动增强，这是增加氯化铝-乙酰胺和氯化铝-尿素电解液电导率的主要因素。EMImCl 使氯化铝-酰胺基电解液的电导率增加得更加明显。碱金属卤化物也增加了氯化铝-酰胺电解液的电导率。含碱金属卤化物的氯化铝-酰胺电解液中小尺寸的导电离子的相对含量增加，Li^+ 和 Na^+ 比液体中的络合离子更容易在不同尺寸的空穴之间迁移，从而提高了电导率。

含不同添加剂的氯化铝-酰胺电解液的电导率根据方程（2-23）的拟合参数　　表 2-34

添加剂	$\sigma = \sigma_0 \exp(-E_\sigma/RT)$		
	$10^4 \sigma_0 (mS/cm)$	$E_\sigma (kJ/mol)$	R^2
氯化铝-乙酰胺			
空白	1.5651	22.796	0.9970
LiCl	1.7957	22.783	0.9986
LiBr	1.4901	22.444	0.9958
NaCl	1.6354	22.811	0.9975
NaBr	1.3631	22.280	0.9967
DCE	1.6957	22.951	0.9993
EC	1.0741	22.036	0.9987
THF	0.8980	21.262	0.9991
EMImCl	0.8506	20.562	0.9967

添加剂	$\sigma = \sigma_0 \exp(-E_\sigma/RT)$		
	$10^4 \sigma_0 \text{(mS/cm)}$	$E_\sigma \text{(kJ/mol)}$	R^2
	氯化铝-尿素		
空白	0.9189	21.347	0.9978
LiCl	1.4994	22.339	0.9986
LiBr	1.2155	21.722	0.9990
NaCl	1.3696	22.144	0.9976
NaBr	1.0820	21.471	0.9975
DCE	0.7415	20.772	0.9967
EC	1.0827	22.198	0.9972
THF	0.7631	20.772	0.9964
EMImCl	0.7131	20.028	0.9961

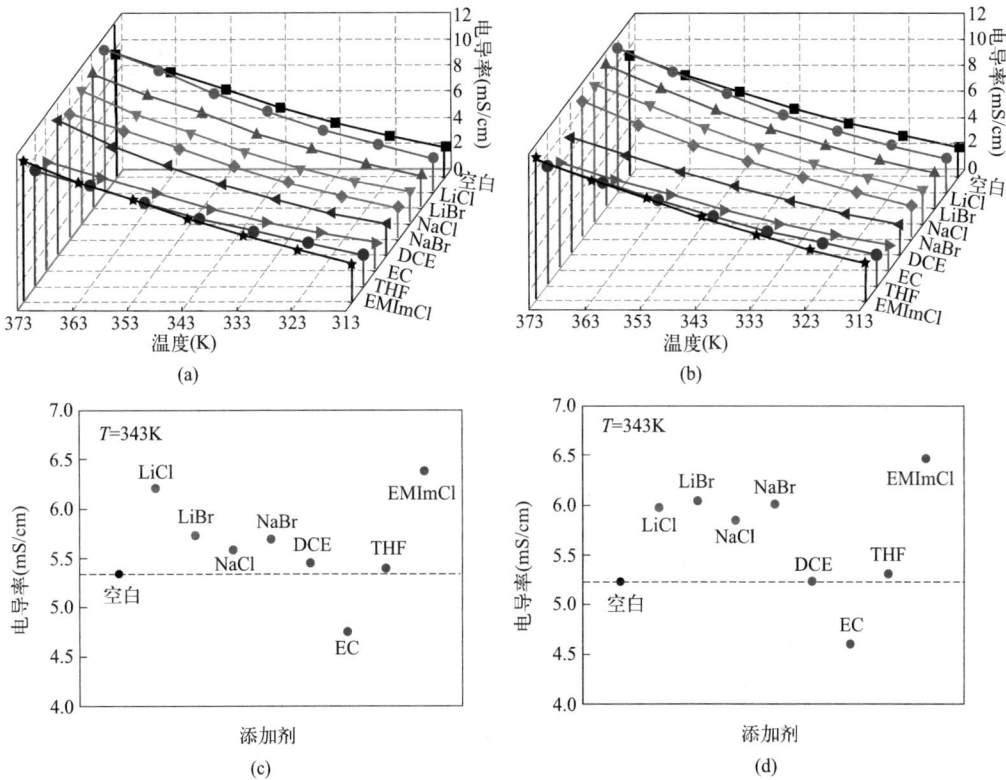

图 2-27　含不同添加剂的氯化铝-酰胺电解液的电导率

（a）氯化铝-乙酰胺；（b）氯化铝-尿素；（c）343K 时氯化铝-乙酰胺；（d）343K 时氯化铝-尿素

根据式（2-24）计算了氯化铝-乙酰胺和氯化铝-尿素电解液的摩尔电导率，计算结果列于表 2-35 中，根据表 2-35 的数据结果绘制出摩尔电导率与温度的关系，如图 2-28（a）、（b）所示。随着温度的升高，各体系的摩尔电导率呈现上升趋势，与温度和电导率的关系相同，这表明离子的移动性依赖于温度。从图 2-28（c）、（d）可知，含 EMImCl 的氯化铝-酰胺电解液的摩尔电导率最大，这与 EMImCl 对电导率影响一致。这可能与它的离子液体特性有密切关系。碱金属卤化物显著提高了氯化铝-乙酰胺和氯化铝-尿素电解液的摩尔电导率，其程度明显高于有机分子 DCE 和 THF。这与它们对氯化铝-酰胺的电导率的影响具有相似的行为。这可以推断出小尺寸的载荷离子或者较大的空穴体积更有利于提高氯化铝-酰胺的电导率。对比添加剂对 AlCl$_3$-EMImCl 和 AlCl$_3$-酰胺两类电解液的电导率和摩尔电导率的影响，可知有机分子添加剂更有利于提高 AlCl$_3$-EMImCl 电解液的电导率，而碱金属卤化物更有利于提高氯化铝-酰胺电解液电导率。此外，具有离子液体特性的有机物添加剂也能很好地改善氯化铝-酰胺电解液的物化性质。

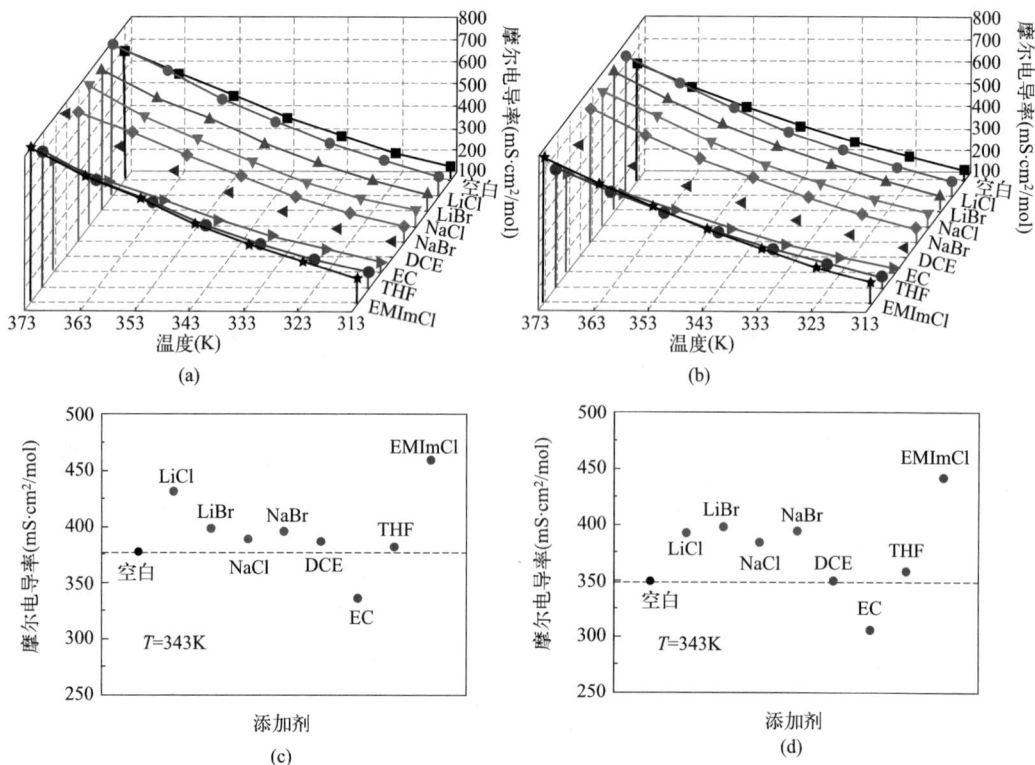

图 2-28　含不同添加剂的氯化铝-酰胺电解液的摩尔电导率

（a）氯化铝-乙酰胺；（b）氯化铝-尿素；（c）343K 时氯化铝-乙酰胺；（d）343K 时氯化铝-尿素

不同温度下含不同添加剂的氯化铝-酰胺电解液的摩尔电导率　　　　表 2-35

T (K)	σ_m (mS·cm²/mol)								
	空白	LiCl	LiBr	NaCl	NaBr	DCE	EC	THF	EMImCl
氯化铝-乙酰胺									
313	163.19	184.50	176.98	173.30	171.52	170.72	151.71	171.10	212.47
323	220.80	256.28	235.19	226.65	229.71	228.27	203.26	228.71	287.77
333	295.80	332.55	315.33	296.49	303.10	302.76	263.88	296.10	365.50
343	377.56	431.74	399.30	389.62	396.14	385.89	335.28	381.94	459.68
353	481.70	533.76	513.30	493.97	488.10	489.17	423.58	488.31	569.86
363	577.75	659.96	607.42	593.01	589.15	599.94	510.37	587.30	672.13
373	680.28	780.90	735.75	729.87	683.64	745.41	601.62	717.49	803.98

$T(\mathrm{K})$	$\sigma_{\mathrm{m}}(\mathrm{mS} \cdot \mathrm{cm}^2/\mathrm{mol})$								
	空白	LiCl	LiBr	NaCl	NaBr	DCE	EC	THF	EMImCl
	氯化铝-尿素								
313	153.87	172.13	176.52	168.21	169.05	153.49	128.73	160.47	204.60
323	210.86	234.01	239.82	228.76	232.27	208.87	177.23	217.83	271.99
333	277.74	309.07	314.88	302.66	308.67	272.71	235.41	282.42	354.13
343	348.68	392.14	397.29	384.42	394.42	348.66	305.58	357.27	441.15
353	436.48	499.86	493.75	486.18	478.40	425.42	386.24	446.14	545.12
363	527.23	610.31	606.10	602.31	583.48	514.75	465.27	540.30	646.76
373	631.43	735.78	729.95	711.38	704.87	608.70	558.23	643.24	765.64

5. 氯化铝-酰胺电解液的电化学行为

摩尔比为 1.3 的氯化铝-乙酰胺和氯化铝-尿素电解液的循环伏安和线性伏安曲线如图 2-29 所示。添加剂对两种氯化铝-酰胺电解液的影响表现出相似的行为。阴极循环伏安曲线上存在一对明显的还原/氧化峰，对应于金属铝的沉积和溶解过程。含添加剂的氯化铝-酰胺电解液的氧化还原峰电流密度降低。根据前述研究表明，这是由液体中的 $[\mathrm{Al}_2\mathrm{Cl}_7]^-$ 物质的含量降低导致的。

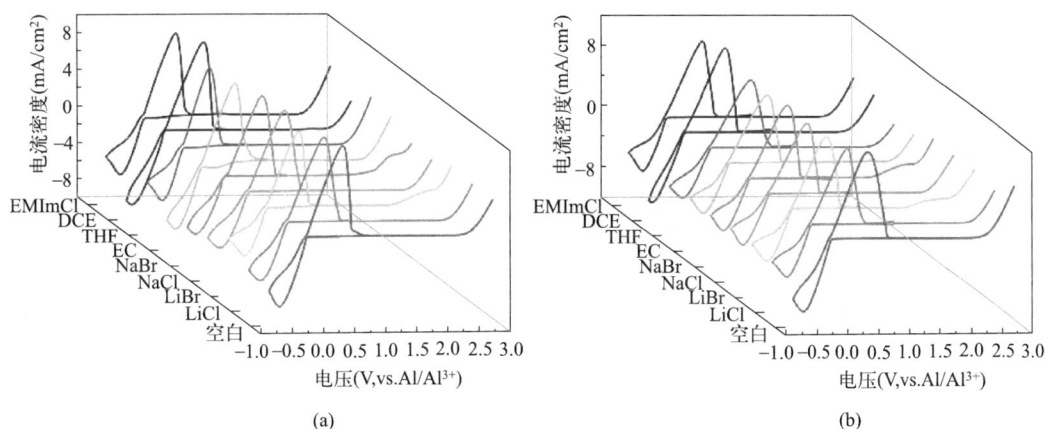

图 2-29　含不同添加剂的氯化铝-酰胺电解液的电化学行为
（a）氯化铝-乙酰胺；（b）氯化铝-尿素

循环伏安曲线中的起始还原电位 (E_0)、氧化还原峰电流密度 $(j_c$ 和 $j_a)$、阳极极限电位 $(E_{\lim})$ 和沉积-溶解效率 μ_{CV} 列于表 2-36。从表 2-36 可知，添加剂对氯化铝-乙酰胺和氯化铝-尿素电解液的起始还原电位 E_0 的影响没有规律。当向电解液中添加 LiBr 和 NaBr，电解液的 $E_{\lim}$ 负向移动至 $1.90 \sim 2.00\mathrm{V}$。显然，溴化物明显降低了氯化铝基电解液的电化学窗口。该现象与 AlCl_3-EMImCl 电解液一致。基于前述铝电池不同类型正极的性能，可知含溴的电解液限制了在高工作电压的铝-石墨型电池中的应用。相比较而言，金属氧化物或金属卤化物正极具有较低的充电截止电压（一般均低于 $2.0\mathrm{V}$），因此含溴化物添加剂电解液有望继续应用于上述类型正极的铝电池中。其他添加剂趋于增加氯化铝-

酰胺电解液的阳极极限电位，并且在氯化铝-尿素电解液中更显著，其阳极极限电位从 2.23V 增加到 2.42V。用公式（2-25）计算其沉积-溶解效率 μ_{CV}。计算结果列于表 2-36。从表 2-36 中可知，添加剂提高了电解液中金属铝的沉积-溶解效率。与 $AlCl_3$-EMImCl 电解液相比，氯化铝-酰胺体系中金属铝的沉积-溶解效率提高得更加明显。在所有氯化铝-酰胺电解液中，含锂盐的电解液中金属铝的沉积-溶解效率最高，分别为 96.60%（$AlCl_3$-acetamide-LiCl）和 98.28%（$AlCl_3$-urea-LiBr）。

循环伏安曲线中起始还原电位（E_0）、氧化还原峰电流密度（j_c 和 j_a）、
阳极极限电位（E_{lim}）和沉积-溶解效率（μ_{CV}）　　　　　　表 2-36

添加剂	E_0(V)	j_c(mA/cm^2)	j_a(mA/cm^2)	E_{lim}(V)	μ_{CV}(%)
	氯化铝-乙酰胺				
空白	−0.089	−7.669	9.931	2.37	88.68
LiCl	−0.059	−6.518	9.194	2.44	96.60
LiBr	−0.072	−5.464	8.148	1.93	90.78
NaCl	−0.053	−6.307	8.885	2.45	94.19
NaBr	−0.078	−6.356	8.885	1.95	93.71
EC	−0.135	−7.508	8.520	2.37	90.33
THF	−0.102	−6.040	8.520	2.37	92.08
DCE	−0.083	−8.189	9.721	2.45	93.30
EMImCl	−0.096	−6.567	9.040	2.37	94.84
	氯化铝-尿素				
空白	−0.069	−9.502	11.448	2.23	91.58
LiCl	−0.075	−6.988	9.875	2.39	95.64
LiBr	−0.054	−6.932	9.299	1.85	98.28
NaCl	−0.088	−6.883	9.145	2.37	96.16
NaBr	−0.066	−6.988	9.510	1.87	94.05
EC	−0.077	−6.616	8.885	2.40	94.94
THF	−0.049	−6.721	8.885	2.42	95.94
DCE	−0.126	−9.229	11.086	2.39	97.38
EMImCl	−0.097	−7.143	9.980	2.39	95.27

2.5　氯化铝基电解液的 Walden 规则

对于液体，每摩尔电荷的电导率和液体的流动性可以用 Walden 规则表述，其表达式为[169-171]：

$$\Lambda \cdot \eta^{\alpha} = \kappa \qquad (2\text{-}34)$$

式中　Λ——液体的摩尔电导率；

　　　η——液体黏度；

　　　α——介于 0 到 1 之间的常数；

κ——与温度有关的常数。

根据式(2-34)，等式两边同时作对数函数变化，其 log-log 形式呈线性关系，可以表达为[169-171]：

$$\log \Lambda = \alpha \log \eta^{-1} + C \tag{2-35}$$

将 3 种氯化铝基电解液（AlCl$_3$-EMImCl/acetamide/urea）的摩尔电导率和黏度之间的 Walden 规则作 log-log 图，其结果如图 2-30 所示。在 log-log 图中，理想线的位置对应了 0.01mol/L 的氯化钾水溶液的数据。好的离子液体区域紧挨着理想线。C 是常数，α 为 Walden 图中拟合直线的斜率，它反映了液体中离子的去耦合能力。将实验数据偏离理想曲线的垂直距离定义为 ΔW[172]。当 $\Delta W < 1$ 时，将液体归类于"真正离子液体"（true ionic liquid）；当 $\Delta W > 1$ 时，将液体归类于"缔合离子液体"（associated ionic liquid）。

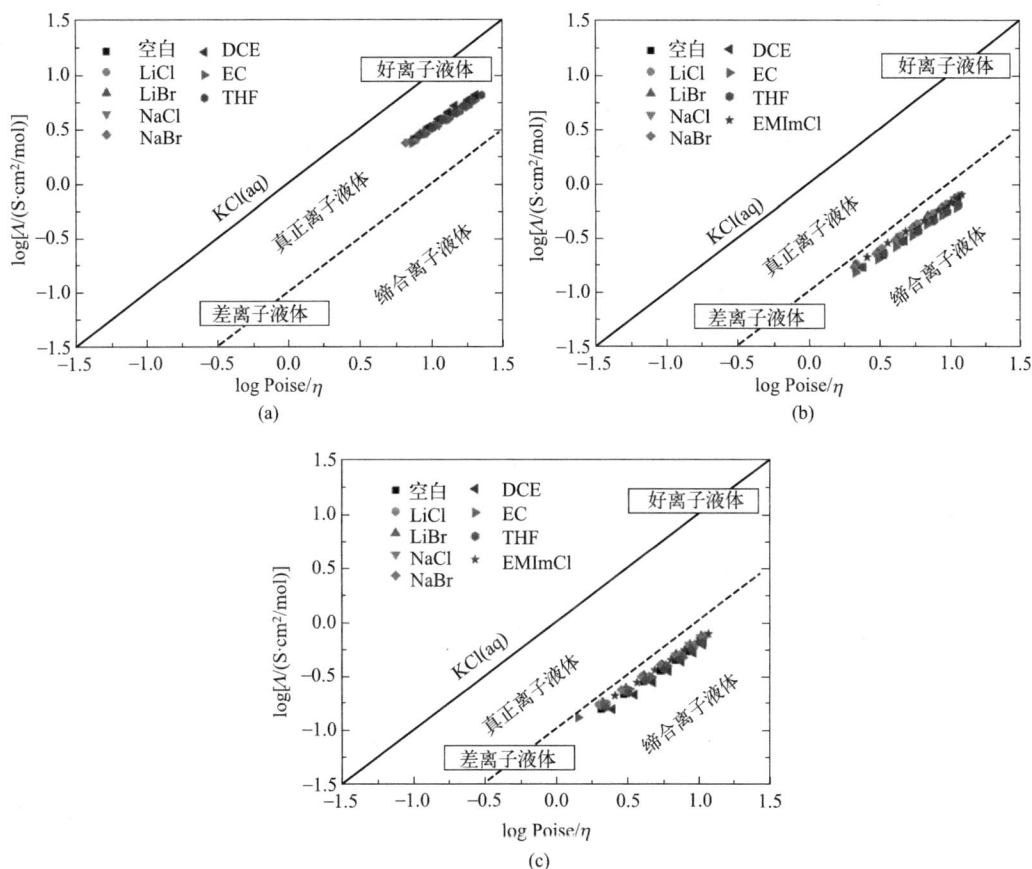

图 2-30　含不同添加剂氯化铝基电解液 Walden 图
（a）氯化铝-氯化咪唑；（b）氯化铝-乙酰胺；（c）氯化铝-尿素

根据所有体系的 Walden 曲线在图中位置和 ΔW 值，可知 AlCl$_3$-EMImCl 体系属于"真正离子液体"，而氯化铝-乙酰胺和氯化铝-尿素体系属于"缔合离子液体"[173]。这完全符合对 AlCl$_3$-EMImCl 和氯化铝-酰胺体系的认知：通常把 AlCl$_3$-EMImCl 称为离子液体，而氯化铝-酰胺称为类离子液体或深度共晶溶剂。两者之间的区别在于后者中存在中性配体。从 Walden 图中可知 AlCl$_3$-酰胺和 AlCl$_3$-EMImCl 体系存在明显的差异，这也证明了

相比 $AlCl_3$-EMImCl 体系，氯化铝-酰胺体系的电导率低、黏度高的事实。但是，Walden 规则适用于自由电荷浓度是主导作用的体系，用于分析"缔合离子液体"的误差比较大。$AlCl_3$-酰胺类离子液体的电荷转移主要是由液体中空穴的移动引起的，因此 Walden 规则不适用于类离子液体或深度共晶溶剂的深入分析。因此，只对 $AlCl_3$-EMImCl 离子液体的 Walden 规则进一步分析。首先，对 Walden 图中的数据进行线性拟合，拟合参数见表 2-37。结果表明 $AlCl_3$-EMImCl 离子液体的摩尔电导率和黏度存在良好的线性关系。所有体系的拟合参数 α 均小于 1，这意味着所有 $AlCl_3$-EMImCl 体系都属于"差离子液体"（poor ionic liquid）[172]。另外，"去耦合因子"（α）符合以下规律：LiCl、DCE＞NaCl、空白、EC＞THF、NaBr、LiBr，这表明离子移动的去耦合程度增加[174]。离子度的增加意味着实验数据偏离理想 Walden 曲线的程度降低[153,154]。所有体系的 ΔW 列于表 2-37。正如期盼的，所有体系的 Walden 曲线偏移距离 ΔW 符合以下趋势：DCE、LiCl＜空白、NaCl、EC＜THF、LiBr、NaBr。含添加剂 DCE 和 LiCl 的 $AlCl_3$-EMImCl 体系具有很高的离子度，这与电导率的规律一致。

含不同添加剂的氯化铝-氯化 1-乙基-3-甲基咪唑电解液根据
式(2-35) 的拟合参数与其 Walden 曲线偏离理想曲线的差值 ΔW　　　　表 2-37

添加剂	ΔW	$\log\Lambda = \alpha\log\eta^{-1} + C$		
		α	C	R^2
空白	0.55	0.88	-0.41	0.9983
LiCl	0.53	0.92	-0.46	0.9973
LiBr	0.58	0.84	-0.37	0.9991
NaCl	0.56	0.89	-0.44	0.9991
NaBr	0.60	0.85	-0.37	0.9997
DCE	0.50	0.91	-0.41	0.9875
EC	0.55	0.87	-0.41	0.9983
THF	0.58	0.85	-0.39	0.9984

2.6　结论

本章系统地研究了含碱金属卤化物［氯化锂（LiCl）、氯化钠（NaCl）、溴化锂（LiBr）、溴化钠（NaBr）］或有机物［碳酸乙烯酯（EC）、四氢呋喃（THF）、1,2-二氯乙烷（DCE）、氯化 1-乙基-3-甲基咪唑（EMImCl）］的氯化铝基电解液（$AlCl_3$-EMImCl/acetamide/urea）的物理化学性质，包含熔盐组成、密度、黏度、电导率和电化学窗口。

（1）在相同摩尔配比下，不同类型的酰胺对室温熔盐的密度的影响为：氯化铝-尿素＞氯化铝-乙酰胺＞氯化铝-丙酰胺＞氯化铝-丁酰胺；不同酰胺类型的熔盐电导率大小顺序为：氯化铝-丙酰胺＞氯化铝-乙酰胺＞氯化铝-丁酰胺＞氯化铝-尿素；室温熔盐体系的电导率与熔盐组分之间的关系曲线中存在最大值。

（2）$AlCl_3$-EMImCl 电解液中含铝络合阴离子（$[Al_2Cl_7]^-$ 和 $[AlCl_4]^-$）的浓度远大于氯化铝-酰胺电解液。含铝络合阴离子含量的顺序符合：$AlCl_3$-EMImCl＞氯化铝-乙酰胺＞氯化铝-尿素。含添加剂的氯化铝基电解液中 $[Al_2Cl_7]^-$ 络合物的相对含量有所减少。含添加剂的 3 种氯化铝基电解液的密度和黏度均符合：氯化铝-尿素＞氯化铝-乙酰胺＞AlCl$_3$-EMImCl。电导率顺序为：AlCl$_3$-EMImCl＞氯化铝-乙酰胺＞氯化铝-尿素。有机物添加剂使电解液的密度降低，且 DCE 和 THF 显著地降低了电解液的黏度。有机物添加剂更有利于提高 AlCl$_3$-EMImCl 电解液的电导率，而碱金属卤化物更有利于提高 AlCl$_3$-酰胺电解液电导率。溴化物明显降低了氯化铝基电解液的电化学窗口，而其他添加剂几乎不改变氯化铝基电解液的电化学窗口。

（3）基于上述分析，进一步首选有机添加剂以提高 AlCl$_3$-EMImCl 电解液的物理化学性质，小半径的离子化合物用作氯化铝-酰胺电解液的添加剂。AlCl$_3$-EMImCl 电解液因其优异的物理化学性质可以应用于多种类型的铝电池。氯化铝-酰胺电解液更适合用于低成本、小充放电倍率的铝电池。含溴化物的室温熔盐不适合作为铝-石墨型电池的电解液，但是它们有望作为以氧基、硫基或溴基等物质为正极材料的较低工作电压、高比容量的铝电池。

第 3 章

石墨型正极的电化学性能与储能机理

3.1 引言

基于氯化铝基电解液的铝-石墨型电池是一种非常有潜力的新型电池。目前研究的商业石墨正极会因为离子的嵌入/脱嵌而膨胀，从而导致正极的粉化。高质量的石墨烯或者石墨泡沫虽然能够提供很高的比容量，但是较高的制备温度、复杂的制备流程以及高能耗限制了其大规模生产和应用。另外，多种正极胶粘剂在酸性氯化铝基电解液中不稳定，电池循环几百圈后导致正极在集流体上的剥落。因此，本章设计了一种无胶粘剂的三维碳纤维布吸附超声石墨片电极作为铝电池正极。

3.2 实验

3.2.1 实验试剂、仪器和设备

本实验中所用的主要试剂及材料见表 3-1。

实验中所用到的试剂及材料　　　　　　　　　　　　　表 3-1

试剂	纯度/型号	生产厂家
1-乙基-3-甲基氯化咪唑	99%	中国科学院兰州化学物理研究所
无水氯化铝	99%	阿拉丁
N-甲基吡咯烷酮	99.5%	阿拉丁
无水乙醇	99.7%	国药集团化学试剂有限公司
铝丝	99.99%	国药集团化学试剂有限公司
铝箔	99.99%	国药集团化学试剂有限公司
钨箔	99.99%	国药集团化学试剂有限公司
导电胶带	JXS-05081	日本日新电子工业株式会社
玻璃纤维纸	Grade GF/D	Whatman
碳纤维布	W0S1002	CeTech
天然鳞状石墨	99.9%	阿法埃莎
电池专用极耳胶	4-100	深圳市科晶智达科技有限公司
铝塑膜	D-EL40H(3)	日本 DNP

本实验中用到的主要实验仪器型号及生产厂家见表3-2。

实验所用主要仪器　　　　　　　　　　表3-2

仪器名称	型号	生产厂家
电化学工作站	CHI660E	上海辰华仪器有限公司
手套箱	MB 200B	德国布劳恩
电子天平	CP313	美国奥豪斯
智能数显磁力加热板	ZNCL-BS	北京世纪华科实验仪器有限公司
高性能电池检测系统	CT-ZWJ-4S-T	深圳市新威尔电子有限公司
真空干燥箱	DZF-2B	北京市永光明医疗仪器有限公司
电热鼓风干燥箱	101-2EBS	北京市永光明医疗仪器有限公司
多功能超声波机	GS-040A	深圳市歌能清洗设备有限公司

实验所用的主要检测设备见表3-3。

实验所用的主要检测设备　　　　　　　表3-3

仪器名称	型号	生产厂家
X射线衍射仪	MPDDY 2094	荷兰帕纳科公司
扫描电子显微镜	ZEISS-EVO18	德国蔡司
拉曼光谱仪	LabRAM HR 800	法国 Horiba Jobin Yvon
X射线光电子能谱仪	ESCALAB25	美国 Thermo VG

3.2.2　超声石墨片的制备

将 0.2g 原始天然鳞状石墨片（NGF，～2000μm）放置在 10mL 的玻璃瓶中，加入 6mL 的 N-甲基吡咯烷酮（NMP）或无水乙醇（EtOH），然后超声处理一定时间后，得到超声石墨片悬浮液。将悬浮液离心分离，然后 80℃ 真空干燥 12h 得到小片径的超声石墨片（u-GF）。

3.2.3　铝电池正极的制备

将碳纤维布裁剪成直径为 18mm 的圆片，在无水乙醇中超声清洗 30min，80℃ 真空干燥 10h。将上述在 N-甲基吡咯烷酮中超声处理 3h 得到的 u-GF/NMP 悬浮液滴加在碳纤维布上，70℃ 鼓风干燥 10min，随后放置在真空干燥箱内 80℃ 干燥 12h，得到超声石墨片@碳纤维布正极（u-GF@CFC）。作为比较，天然鳞状石墨片和超声处理石墨薄片通过碳导电胶带均匀地分布在钨箔上，获得天然石墨@钨（NGF@W）和超声石墨@钨（u-GF@W）正极。

3.2.4　电化学测试

U-GF@CFC 的循环伏安测试采用三电极体系：u-GF@CFC 和高纯铝箔作为工作电极和对电极，高纯铝丝作为参比电极。将参比电极放置在两片玻璃纤维滤纸中间以避免参比电极接触工作电极和对电极。循环伏安曲线的扫描范围设置为 1.2～2.45V。Al-u-GF@

CFC、Al-u-GF@W 和 Al-NGF@W 电池性能测试采用两电极体系：u-GF@CFC/u-GF@W/NGF@W 和高纯铝箔分别作为正极和负极。软包电池的充放电截止电压设置为 2.45～0.01V。本实验中采用的电解液为纯化处理后的 AlCl$_3$-EMImCl（摩尔比为 1.3）。

3.2.5 材料的表征

X 射线衍射分析（XRD）：所有粉末样品放置于载玻片的凹槽中，压平后放在测试仪器样品台进行测试。

扫描电子显微镜分析（SEM）：将少量的粉末样品直接粘在样品台的双面导电胶上，用风枪除去未粘牢的样品，然后将其放入样品室进行测试。

拉曼光谱分析（Raman）：取少量的粉末样品放置在石英片上，用另一个石英片压平压实后放置在载物台上进行拉曼测试。

对于电池电极材料的表征：电池经特定充放电循环后首先在手套箱内进行拆卸，并用四氯化碳对电极片进行清洗以除去残留的电解液，随后在真空干燥箱中干燥。然后进行 X 射线衍射分析、扫描电子显微镜分析、X 射线光电子能谱分析、非原位拉曼光谱分析。

3.3 超声石墨片的表征

为了研究超声时间对超声石墨片（u-GF）性质的影响，将经过不同超声时间获得的 u-GF/NMP 分散体以 2500rpm 离心 20min 获得沉淀物。将收集的沉淀物在真空条件下于 80℃干燥 12h，获得超声石墨片。不同的超声处理时间下获得的 u-GF 被称为 u-GF（1h）、u-GF（2h）、u-GF（3h）、u-GF（6h）、u-GF（12h）。

不同处理时间后的超声石墨片的拉曼光谱如图 3-1（a）所示。拉曼位移位于 1330cm^{-1} 的 D 峰强度反映石墨中的缺陷。通过计算 I_D/I_G 来估计石墨材料中的缺陷程度[175]，其结果如图 3-1(b) 所示。结果表明 u-GF 中的缺陷数量随超声时间的增长而增加。当超声时间小于 3h 时，拉曼图谱中的 2D 峰（2700cm^{-1}）几乎与原始石墨相同，这意味着超声时间小于 3h 的 u-GF 仍保持典型的石墨结构。相反，u-GF（6h）和 u-GF（12h）的 D 峰和 2D 峰与原始石墨的特征拉曼峰存在明显的差异，这表明它们比原始石墨具有更多的缺陷。当超声时间大于 6h 时，拉曼图谱中位于 1614cm^{-1} 处出现了新的肩峰 D′，这表明在 u-GF（6h）和 u-GF（12h）中形成了新的缺陷。石墨微晶的平均尺寸（L_a）可以使用式（3-1）来计算[176]，结果如图 3-1(c) 所示。

$$L_a = \frac{2.4 \times 10^{-10} \lambda_{laser}^4}{I_D/I_G} (nm) \tag{3-1}$$

式中，λ_{laser} 是激光发射源波长，本研究采用的激光源波长为 633nm。从图 3-1(c) 可知，随着超声时间增长，石墨微晶的平均尺寸显著减小。尽管随着超声处理时间的增加，u-GF/NMP 分散体中超声石墨片的浓度随之增加（图 3-1d），但是更容易导致 u-GF 中缺陷的增加。因此，超声时间对用于铝电池正极的 u-GF 的影响是值得考虑的，从上述分析可知超声时间小于 3h 得到的超声石墨片有望用于铝电池的正极材料。

天然石墨片在 NMP 和 EtOH 介质中超声处理 3h 后得到的超声石墨片分别标记为 u-GF（NMP）和 u-GF（EtOH）。图 3-2 为 u-GF/NMP 和 u-GF/EtOH 分散液在常温下静

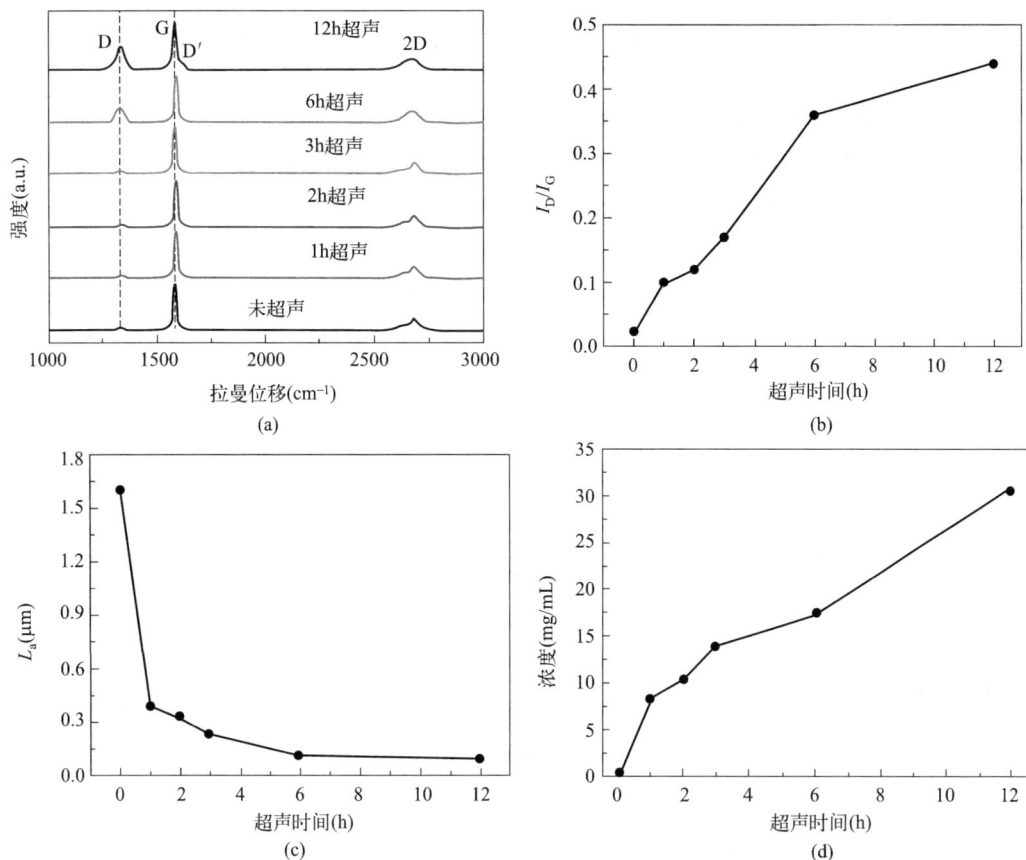

图 3-1　天然石墨片超声处理前后的表征

（a）天然石墨在 NMP 中超声处理前后的拉曼图谱；（b）超声石墨片的 I_D/I_G；

（c）L_a 随超声时间的变化曲线；（d）分散液中 u-GF 的浓度随超声时间的变化曲线

置不同时间后的光学照片。可见 u-GF/NMP 分散液在放置一个月后也没有表现出明显的固体和溶剂的分离。与之相反地，u-GF/EtOH 分散液在静置 24h 后，发现瓶子底部有少量的石墨薄片，当 u-GF/EtOH 分散液静置一个月后，超声石墨薄片完全地从 EtOH 中沉降出来。结果表明，超声石墨薄片在 NMP 中能够更稳定地分散。

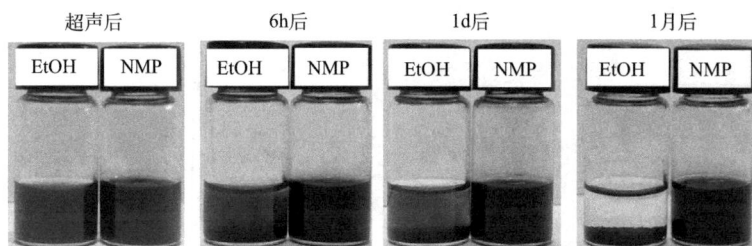

图 3-2　天然鳞状石墨在 EtOH 和 NMP 中超声处理 3h 后得到的悬浮液的光学照片

超声处理 3h 的 u-GF（NMP）和 u-GF（EtOH）的拉曼光谱如图 3-3(a) 所示。对于 u-GF（NMP），其 D 峰的强度比原始鳞状石墨的稍高，这表明超声处理后的石墨薄片中的石墨层可能少于原始鳞状石墨。另外，2D 和 D 峰几乎与原始石墨相同，这意味着 u-GF（NMP）仍保持典型的石墨结构。与原始鳞状石墨相比，u-GF（EtOH）的 D 特征峰增强，2D 峰的强度明显发生变化，这表明 u-GF（EtOH）可能比原始鳞状石墨具有更多的缺陷。u-GF（NMP）和 u-GF（EtOH）的 I_D/I_G 和它们分别在对应介质分散液中的浓度如图 3-3（b）所示。两者的 I_D/I_G 分别为 0.17 和 0.25，这表明 u-GF（NMP）中的缺陷少于 u-GF（EtOH）。这有可能是因为超声处理过程中石墨与乙醇的羟基发生反应而导致 u-GF（EtOH）中含有更多的含氧基团。此外，NMP 中 u-GF 的浓度为 13.8mg/mL，高于 EtOH 中 u-GF 的浓度（7.8mg/mL）。一些研究表明，石墨型正极中的缺陷对铝电池的性能是有害的[37,57,60]。基于上述分析，u-GF（NMP）更适合作为铝电池的正极材料。因此，选择 u-GF（NMP）用于进一步的电化学研究。

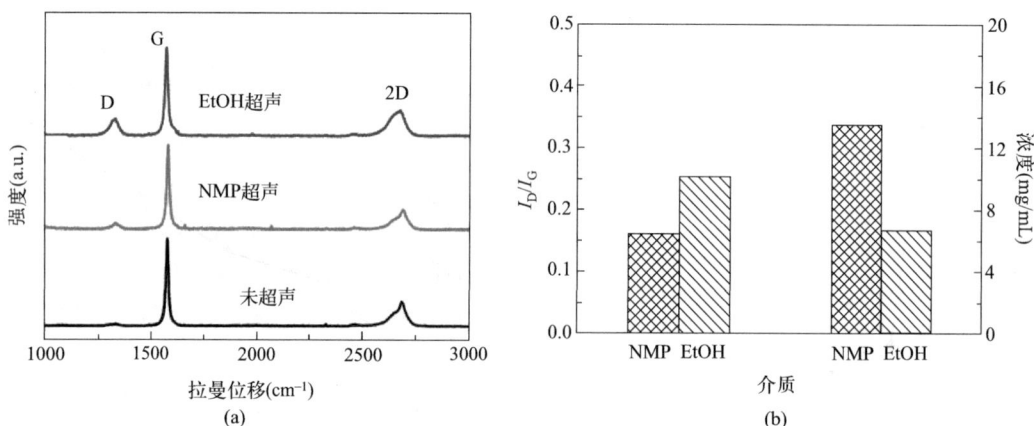

图 3-3　天然石墨超声处理前后表征

（a）天然石墨在不同介质中超声前后的拉曼光谱；（b）在 NMP 和 EtOH 介质中超声处理 3h 后
u-GF 的 I_D/I_G 值及其在溶剂中的分散浓度

u-GF（NMP）的 SEM 和 XRD 图谱如图 3-4 所示。结果表明，超声石墨片的尺寸在 10～30μm 范围内。XRD 图谱表明，原始天然石墨由两种类型的晶体结构组成，它们的晶面间距分别为 3.370Å（1 号：008-0415）和 3.348Å（2 号：026-1080）。而超声处理后晶体结构（3.348Å）消失，只有一种晶体结构（3.370Å）保留在 u-GF（NMP）中。

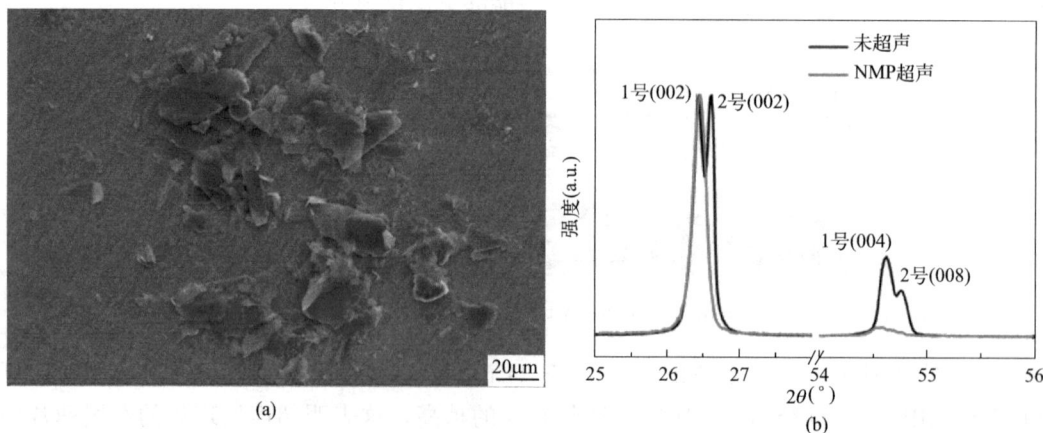

图 3-4　天然石墨超声处理前后表征

（a）NMP 中超声处理 3h 后石墨薄片 SEM 图；（b）石墨片超声处理前后的 XRD 图

3.4　正极 u-GF@CFC 的电化学性能

用于铝电池的 u-GF@CFC 正极的 SEM 如图 3-5 所示。碳纤维布（CFC）的三维网状交织结构为离子的迁移提供了较大的通道，使得正极材料中的活性物质与电解液充分接触与浸透。如图 3-5(c) 所示，较大的石墨片吸附在 CFC 的外表面，较小的石墨片吸附在 CFC 的内部间隙，从而避免了超声石墨片的大量堆积。

图 3-5　u-GF@CFC 正极的 SEM 图

u-GF@CFC 正极的循环伏安曲线如图 3-6 所示。从图 3-6 可知，首次循环伏安曲线中的起始氧化电位位于 1.82V，随后出现一系列不同强度的氧化峰，它们对应 $[AlCl_4]^-$ 络合离子在石墨层间的不同嵌入阶段。在反向扫描过程中对应地出现一系列还原峰，对应了 u-GF@CFC 中 $[AlCl_4]^-$ 络合离子的不同脱嵌阶段[38,40,101,107]。在随后的循环伏安测试中，第一个氧化峰的起始电位向负方向移动，这意味着 $[AlCl_4]^-$ 络合离子在石墨型正极中嵌入/脱嵌行为的可逆性随着循环次数的增加而变得更好。另外，第三次循环伏安测试的曲线基本与第二次的伏安曲线重合，这表明在第三次测试时，u-GF@CFC 上的 $[AlCl_4]^-$ 络合物的嵌入/脱嵌过程趋于稳定。因此，我们确定了 Al/u-GF@CFC 电池的充电截止电位为 2.45～0.01V。

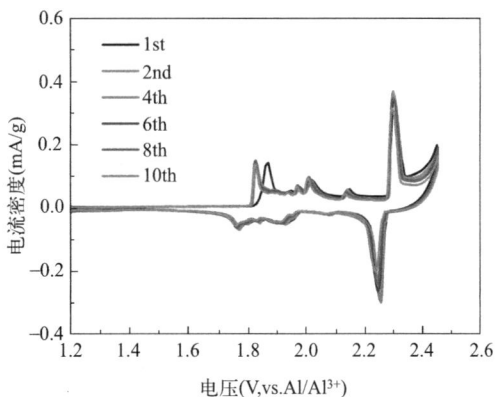

图 3-6　u-GF@CFC 正极的
循环伏安曲线，扫描速率 0.2mV/s

为了进一步确认正极中的电化学活性物质，研究了碳纤维布（CFC）在铝-碳纤维布（Al-CFC）电池的电化学性能，结果如图 3-7 所示。CFC 正极的循环伏安曲线如图 3-7(a) 所示。循环伏安曲线中没有发现任何氧化还原峰的信号，这表明 $[AlCl_4]^-$ 络合离子不能在 CFC 上发生嵌入/脱嵌反应。图 3-7（b）和（c）为 CFC 正极在不同电流密度时的充放电电压特征曲线和倍率性能。从图中可知 CFC 作为铝电池的正极时，即使是在很小的电流密度时其提供的比容量也小于 0.2mAh/g，这是可以忽略不计的。这意味着 CFC 不能够为铝电池正极材料提供活性位点。上述 $[AlCl_4]^-$ 络合离子在 u-GF@CFC 正极中的嵌入/脱嵌反应主要是由于超声石墨片 u-GF 提供的活性位点。因此，只有 u-GF 是正极中的活性物质，即 Al/u-GF@CFC 电池的比容量全部由 u-GF 提供。

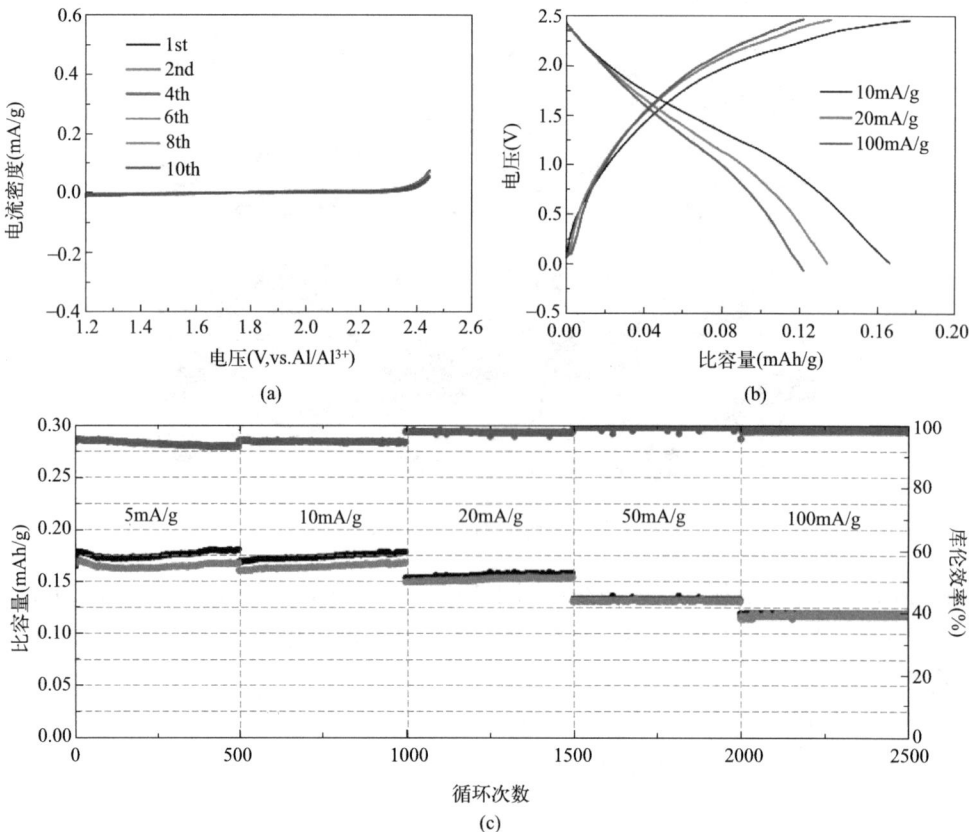

(a)

(b)

(c)

图 3-7　铝-碳纤维布（Al-CFC）电池的电化学性能

（a）循环伏安曲线，扫描速率 0.2mV/s；（b）充放电电压特征曲线；（c）不同电流密度时倍率性能

图 3-8(a) 分别显示了 Al|1.3AlCl₃-EMImCl|u-GF@CFC 电池在第 1、2、100 和 500 个循环的充电/放电曲线。在第一个循环中观察到两个明显的充电过程。在随后的循环中观察到一个新的充电阶段，介于 0.3～1.8V。这种现象可能是由于初始循环中 $[AlCl_4]^-$ 络合物的嵌入/脱嵌引起的主体材料的体积变化[54,60,110]，或者是由于吸附和表面氧化还原反应而产生超级电容器类型的行为[132,177]。此外，在放电电压曲线中没有明显的电压平台，这与所报道的具有两个明显的充电电压平台的石墨型正极不同。这可能是由 u-GF 的较低结晶度和更多结构缺陷导致的[40,60,110,178]。作为比较，Al/NGF@W 和 Al/u-GF@W 电池在第 1、2、100 和 500 个循环的 4 个充电/放电曲线分别列于图 3-8（b）和图 3-8（c）。对于 Al/NGF@W 正极，初始的充放电只表现出一对明显的充电和放电平台，随着充放电循环，出现两对明显的充放电过程。这是因为在充放电循环初始阶段，由于天然鳞

状石墨片的尺寸大且层数较多导致 $[AlCl_4]^-$ 络合离子只能在边缘石墨层发生嵌入/脱嵌反应，随着循环次数的增多，石墨片内部石墨层的利用率逐渐提高，促进了 $[AlCl_4]^-$ 络合离子在内部石墨层间的嵌入/脱嵌，从而出现新的充放电过程。但是嵌入内部的 $[AlCl_4]^-$ 络合离子不容易从内部石墨层间脱嵌出来，所以随着进一步充放电循环，内部石墨层的利用率又逐渐降低，导致 Al/NGF@W 正极的充放电过程减少。天然鳞状石墨经超声处理后变为片径较小、层数较少的石墨片，u-GF 层间利用率提高。因此 Al/u-GF@W 电池在 500 次充放电循环中表现出稳定的充放电过程（图 3-8c）。

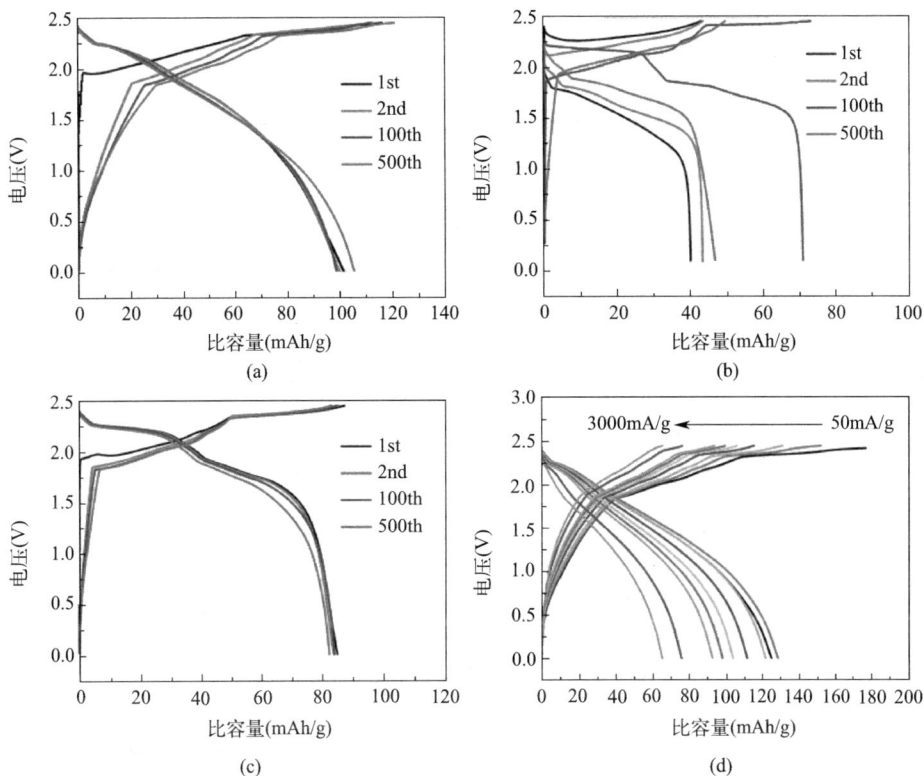

图 3-8　不同正极的 100mA/g 充放电电压特征曲线

(a) u-GF@CFC；(b) NGF@W；(c) u-GF@W；

(d) Al/u-GF@CFC 在不同电流密度（50~3000mA/g）下的充放电电压特征曲线

图 3-9(a) 显示了 Al/u-GF@CFC 电池在电流密度为 100mA/g 时的循坏稳定性。即使在 500 次循环后，它仍具有高达 100mAh/g 的稳定放电比容量和 90% 库伦效率。最初的 25 个循环中，Al/NGF@W 电池的放电比容量从 40mAh/g 增加到 80mAh/g，但是随着进一步循环后逐渐降低到 45mAh/g。Al/u-GF@W 电池的放电比容量在 500 个循环中稳定维持在 82mAh/g。因此，Al/u-GF@CFC 电池的比容量和循环稳定性优于 Al/NGF@W 电池和 Al/u-GF@W 电池。这应该归因于 CFC 的 3D 结构，该结构有利于 u-GF 上 $[AlCl_4]^-$ 络合离子的嵌入/脱嵌反应。

图 3-8(d) 显示了在 50mA/g 至 3000mA/g 各种电流密度下，Al/u-GF@CFC 电池的充放电电压特征曲线。所有曲线均显示类似的充电/放电行为。随着电流密度的增加，放

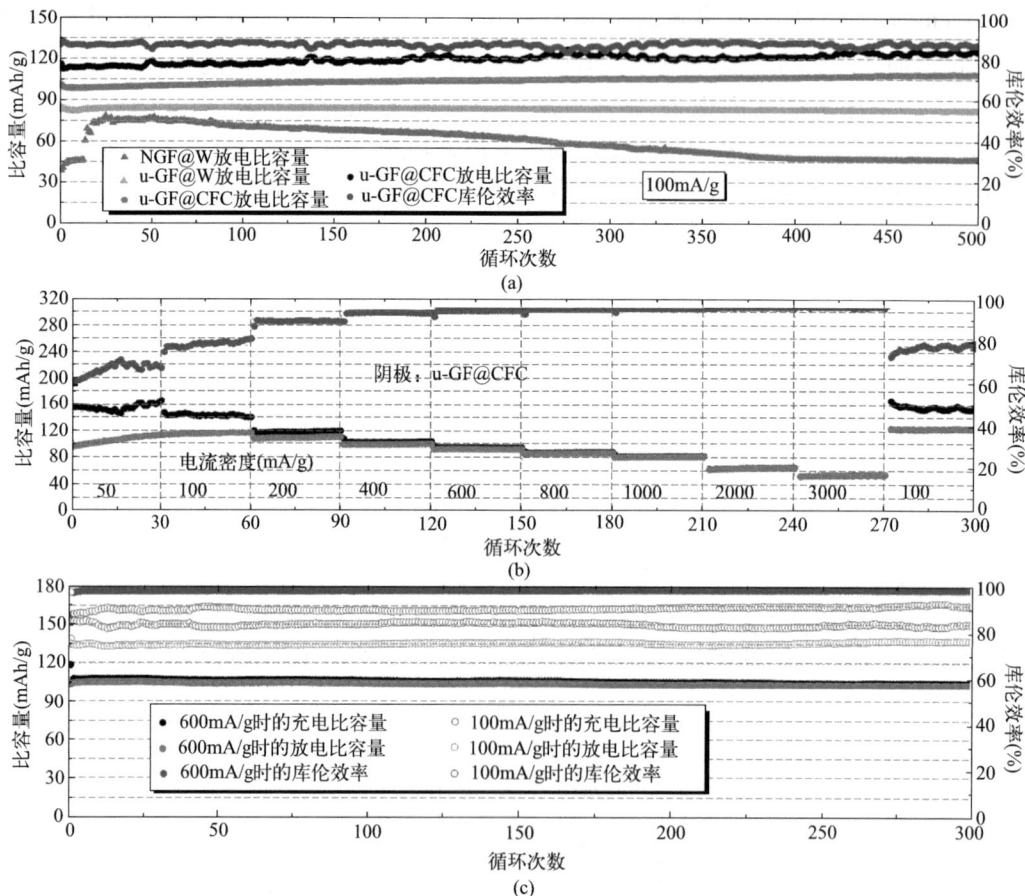

图 3-9 NGF@W、u-GF@W 和 u-GF@CFC 正极的电化学性能

（a）NGF@W、u-GF@W 和 u-GF@CFC 正极在 100mA/g 时的循环性能；

（b）Al/u-GF@CFC 在不同电流密度下的倍率性能；

（c）50mA/g 充放电循环数次后，Al/u-GF@CFC 在 100mA/g 和 600mA/g 电流密度时的循环性能

电比容量从 130mAh/g 降低到 60mAh/g，库伦效率从 70% 增加到 100%。在 50～3000mA/g 的各种电流密度下 Al/u-GF@CFC 电池的倍率性能如图 3-9（b）所示。在以 50mA/g 小电流充放电的前 30 个循环中，其放电比容量从 110mAh/g 逐渐增加到 126mAh/g，但是库伦效率低，约为 75%。库伦效率低的原因可以总结为：（1）报道的铝-碳型电池都存在自放电现象，只能快速地充放电；（2）小电流密度时充放电测试加剧了这个问题；（3）正极材料的胶粘剂不利于快速充放电测试。更重要的是正极 u-GF 表面或内部存在一些缺陷和杂质元素导致电极材料和电解液之间发生副反应。其他类型的石墨型正极也出现相似的现象[57,107,110,175]。在 100mA/g 电流密度下进一步循环时，放电比容量始终保持在 126mAh/g。在较高的充电/放电速率下，Al/u-GF@CFC 电池与其他报道的基于铝-石墨型电池一样，表现出比容量降低、库伦效率提高的规律[97,107,110,175]。当电流密度恢复到 100mA/g 时，放电比容量恢复到更高的值（136mAh/g）。在 100mA/g 时 Al/u-GF@CFC 电池循环 300 次后电池比容量仍无衰减（图 3-9c）。这表明优异的高倍率恢复能力和出色的循环稳定性。Al/u-GF@CFC 电池在高电流密度 600mA/g 时，在 300 个循环中电池具有超过 100mAh/g 的比容量和约 100% 的比容量保持率（图 3-9c）。相反，

随着电流密度分别增加到 1000mA/g 和 2500mA/g，铝-天然石墨电池的放电比容量迅速降低到 60mAh/g 和 15mAh/g[58]。Al/u-GF@CFC 电池的高比容量剩余量证实了 CFC 的 3D 结构使正极的活性材料能够承受大电流。

表 3-4 具体总结了图 3-8 中不同石墨型正极（u-GF@CFC、NGF@W、u-GF@W）的电化学性能比较。从表 3-4 中可以看出，Al/u-GF@CFC 电池的平均放电电压最高，为 1.94V。另外，u-GF 提供的放电比容量比 NGF 高一倍左右，CFC 进一步提高了 u-GF@CFC 的放电比容量。这里又特别列出了在 100mA/g 的电流密度下不同石墨型正极的过电位（平均充电电压和平均放电电压之差[179]）。从 NGF@W 电极的 0.39V 降低至 u-GF@W 的 0.30V，最终至 u-GF@CFC 的 0.24V。这证明了碳纤维布 CFC 可以有效提高石墨型正极材料的电化学性能。

不同石墨型正极的电化学性能对比　　　　表 3-4

	NGF@W	u-GF@W	u-GF@CFC
放电比容量(mAh/g)	45	82	105
平均放电电压(V)	1.74	1.87	1.94
过电压(V)	0.39	0.30	0.24

由上述可知，当 Al/u-GF@CFC 电池在 100mA/g 的电流密度充放电时其比容量约为 100mAh/g。通过正极上的电极反应（式 3-2）、活性物质以及比容量的折算，我们估算了石墨正极参与电化学反应的量以及电池完全充电时形成的石墨层间化合物的具体形式[179]。

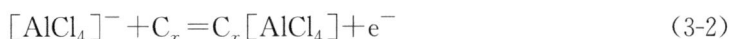

$$[AlCl_4]^- + C_x = C_x[AlCl_4] + e^- \qquad (3-2)$$

可得 100mAh/g 的正极石墨材料的最终组成应为 C_{22}[AlCl_4]。

为了评估 u-GF@CFC 正极的电极动力学，通过 Randles-Sevick 方程，室温下 1.2～2.45V 的电位范围内不同扫描速率下的循环伏安曲线确定 [AlCl_4]^- 离子的扩散率（扩散系数）。u-GF@CFC 正极典型循环伏安曲线如图 3-10(a) 所示，扫描速率为 1～8mV/s。 [AlCl_4]^- 络合离子脱嵌过程中正极的峰值电流（i_p）（本研究中为 2.1～2.2V 的还原峰）与扫描速率（v）的平方根高度相关，如图 3-10(b) 所示。因此电化学反应过程受扩散过程控制。室温（25℃）下 [AlCl_4]^- 络合离子的扩散系数可通过式(3-3)计算[37]。

$$i_p = 2.69 \times 10^5 \times n^{1.5} \times A \times D_{[AlCl_4]^-}^{0.5} \times v^{0.5} \times c_0 \qquad (3-3)$$

式中　　i_p——峰电流，A；

　　　　n——反应物质的得失电子数；

　　　　A——电极的表观面积，cm²；

　　$D_{[AlCl_4]^-}$——[AlCl_4]^- 离子的扩散系数，cm²/s；

　　　　c_0——C_{22}[AlCl_4] 中 [AlCl_4]^- 络合物的浓度（0.006074mol/cm³，理论密度值 2.63g/cm³，基于 [AlCl_4]^- 络合物嵌入石墨中后增加的重量和膨胀石墨层的比例）；

　　　　v——扫描速率，V/s。

计算可得 [AlCl_4]^- 离子的扩散系数为 4.91×10^{-10} cm²/s。

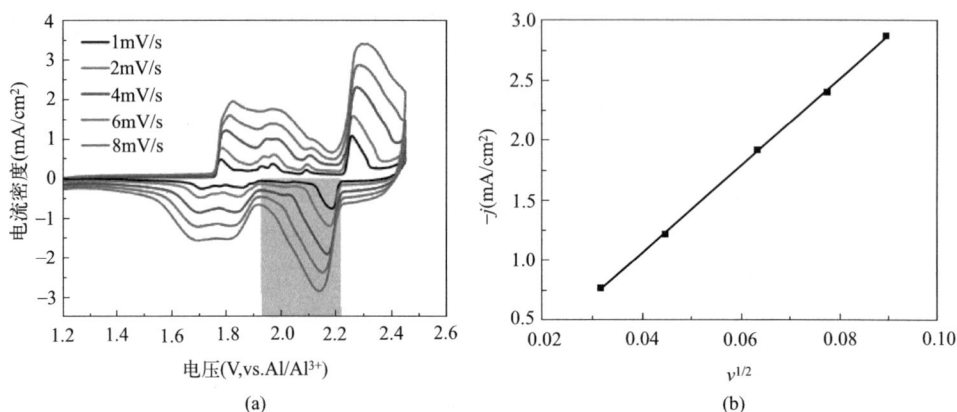

图 3-10　u-GF@CFC 的电化学行为

(a) 不同扫描速率时 u-GF@CFC 的循环伏安曲线；(b) 循环伏安曲线中峰电流密度与扫描速率平方根的线性关系图

　　值得注意的是，在 500 个循环中 Al/u-GF@CFC 电池的比容量逐渐增加（图 3-9a），这反映了 u-GF 的层间空间能够更好地用于 $[AlCl_4]^-$ 络合物的嵌入/脱嵌。另外，在以 50mA/g 的电流密度进行初始充电/放电循环后，Al/u-GF@CFC 电池的比容量比正常测试程序的电池高 40%。这表明，如果在正常测试之前首先以较低的速率运行电池，则会获得更高的层间空间利用率和更多的活性位点[129]。Al/u-GF@CFC 电池的高性能和循环稳定性与碳纤维布的多孔三维交织结构有关：(1) 优异的导电性；(2) 交织结构避免了正极结构的粉化，并为 u-GF 提供了大量的吸附位点；(3) 三维骨架避免了活性物质的积累，促进了较小的石墨薄片与电解质的完全接触；(4) 多孔结构为离子的快速迁移提供了更多的通道；(5) 没有黏合剂的正极避免了黏合剂与电解液的反应。

　　在完全充电和完全放电的条件下，u-GF@CFC 的 SEM 如图 3-11 所示。从图 3-11 中可知，在 50 个循环后，u-GF 的形态几乎没有变化，并很好地吸附在 CFC 上。在 EDS 能谱图像中观察到 u-GF 在完全充电的状态下存在明显的 Al 和 Cl 信号，这表明 $[AlCl_4]^-$ 络合离子嵌入 u-GF 中，而完全放电状态时的 u-GF 的 Al 和 Cl 信号强度比完全充电时的弱，证实了 $[AlCl_4]^-$ 络合离子从 u-GF 正极上脱嵌。最值得注意的是，在 CFC 上几乎没有 Al 和 Cl 的信号，表明 CFC 上没有发生嵌入/脱嵌反应，而 u-GF@CFC 的比容量仅由 u-GF 贡献，这与电化学研究的结论一致。

　　充放电 50 次后 u-GF@CFC 完全充电和完全放电状态的 XRD 衍射峰如图 3-12(a) 所示。不同状态时的 u-GF 都具有一个典型的（002）衍射峰，这表明 u-GF 仍然存在典型的石墨结构。当完全充电时，石墨面内间距从 3.370Å 增加到 3.390Å，完全放电状态时面内间距恢复至一个较小的值，这归因于 $[AlCl_4]^-$ 络合物在石墨层间的嵌入/脱嵌过程。u-GF@CFC 正极经过数百个循环后的 XRD 衍射峰和拉曼光谱如图 3-12(b)、(c) 所示。U-GF@CFC 仍表现出明显的（002）衍射峰。晶面距离增大到 3.385Å，小于 $[AlCl_4]^-$ 络合离子的大小和嵌入物的通道高度[57,116]，这表明 $[AlCl_4]^-$ 络合离子在石墨层之间嵌入/脱嵌后，石墨晶体可以恢复到其原始结构。u-GF 的拉曼光谱在长期循环后 D 峰强度

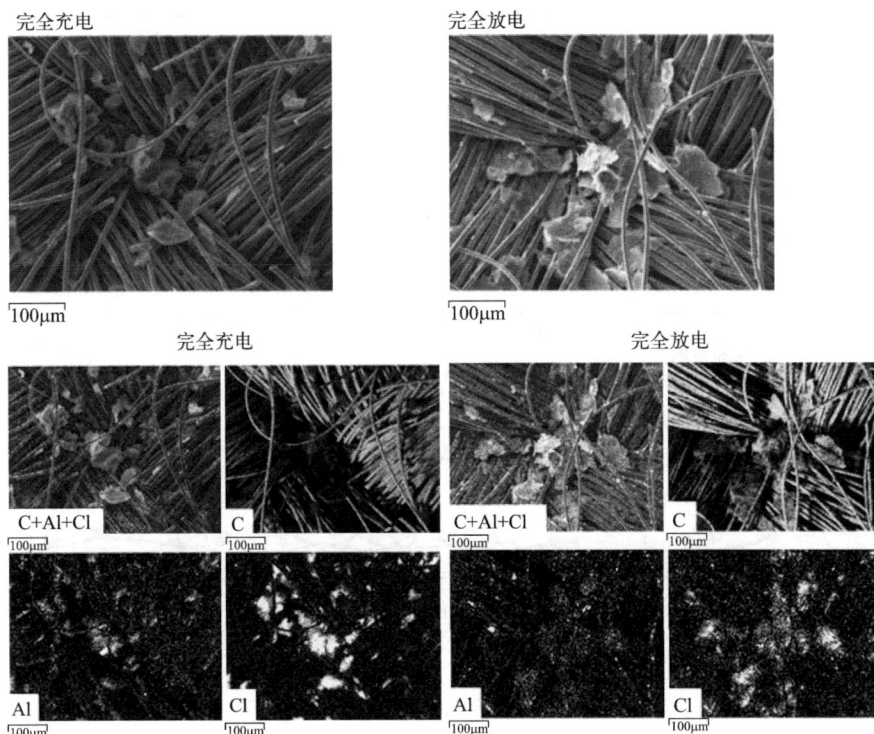

图 3-11　充放电 50 次后 u-GF@CFC 完全充电和完全放
电状态的 SEM 图谱以及元素 C、Al、和 Cl 的 EDS 能谱

稍微增强，但仍基本保持其原始结构（$I_D/I_G = 0.30$）。X 射线光电子能谱（XPS）用于探测 u-GF 正极中插层化合物的化学性质。经过 50 个循环后，在充放电的 u-GF 正极中观察到 C 1s 峰、Al 2p 峰和 Cl 2p 峰（图 3-12d-f）。完全放电状态下，Al 2p 和 Cl 2p 峰明显降低，证明了［AlCl$_4$］$^-$络合离子在 u-GF 正极中的嵌入/脱嵌反应，这与 EDS 谱图结果一致[30,54]。因此，u-GF@CFC 正极良好的可恢复性和抗破坏的能力有助于电池的长期循环稳定性和高倍率性能。

3.5　原位拉曼光谱测试装置的设计与应用

　　光谱电化学通常用于阐明电极的反应。目前，原位拉曼光谱技术已应用于许多领域[180-184]，由于石墨的拉曼光谱中 1585cm^{-1} 处的 G 峰对石墨层间相互作用过程中的结构变化非常敏感，因此常用于表征石墨电极上的反应机理[185-189]。铝-石墨型电池的石墨正极上的反应是典型的石墨层间化合物（GIC）行为，即［AlCl$_4$］$^-$离子在石墨层间的嵌入/脱嵌，因此拉曼光谱被广泛用于确定铝-石墨型电池的反应机理[30,54,57,60,129,190]。

　　典型的铝-石墨电池由石墨型材料作为正极，金属铝作为负极和氯化铝基室温熔盐作为电解液组成。氯化铝基电解质对水和氧气敏感，并且对许多金属具有高度腐蚀性[61]。另外，拉曼光谱采集需要合适的实验参数以避免采集拉曼信号的激光有可能灼伤石墨。但是，以前的研究中关于原位拉曼实验装置和拉曼光谱信号采集的信息尚不明确或不完

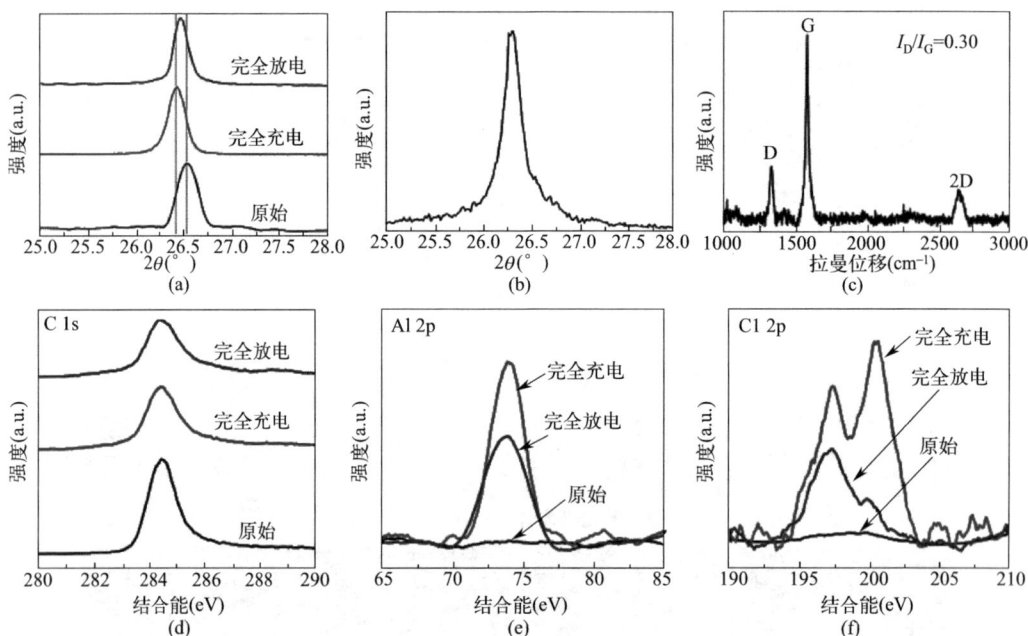

图 3-12 充放电测试后 u-GF@CFC 的表征

（a）充放电 50 次后 u-GF@CFC 完全充电和完全放电状态的 XRD 衍射峰图谱；

（b）充放电 500 次后 u-GF@CFC 的 XRD 衍射峰图谱；（c）充放电 500 次后 u-GF@CFC 的拉曼图谱；

（d）充放电 50 次后 u-GF@CFC 完全充电和完全放电状态的 C 1s XPS 能谱；

（e）Al 2p XPS 能谱；（f）Cl 2p XPS 能谱

整[30,54,57,60,129,190]。因此，本章设计了一个原位拉曼池，并为研究铝电池石墨型正极的反应机理提供了详细的光谱采集技术和参数。

原位拉曼装置的装配图以及各主要部件的结构如图 3-13 所示。具体如下：

1）上/下内腔体（10、15）由聚四氟乙烯材料制成；

2）将上述内腔体安装到一组 KF 50 法兰（1、2、11、12）中；

3）将厚度为 1mm 的石英晶片（13）放在上腔的凹槽中，并用螺纹套筒（14）固定，工作电极和石英片之间的距离控制在 7mm 左右，确保其小于拉曼光谱仪的物镜焦距；

4）分别使用一根钨棒（7）、两个不锈钢棒（3、9）作为电极集流体；

5）三电极连接线（4）用于连接到电化学工作站；

6）所有组件的接触点都填充有密封剂（8）；

7）支撑基座（5）使设备更稳定；

8）电池主体（6）主要由三个电极和隔膜组成。其结构细节如图 3-14 所示。

本实验设计的原位拉曼测试装置中工作电极的连接柱用钨棒，以满足正极上较高的工作电位。如图 3-15 和表 3-5 所示，当激光直接聚焦到石墨样品上采集的拉曼图谱中 D 峰和 G 峰的拉曼位移分别为 $1330cm^{-1}$ 和 $1572cm^{-1}$，强度分别为 324 和 1622。当激光透过石英片聚焦到石墨上获得的拉曼图谱中峰位移没有变化，只是强度稍微减弱。当激光透过玻璃片聚焦到石墨上获得的拉曼图谱中峰位移增大，且强度明显减弱。因此，采用石英材质的薄片固定在上腔体中以保证透过的激光功率基本不发生衰减，同时满足获得理想的拉

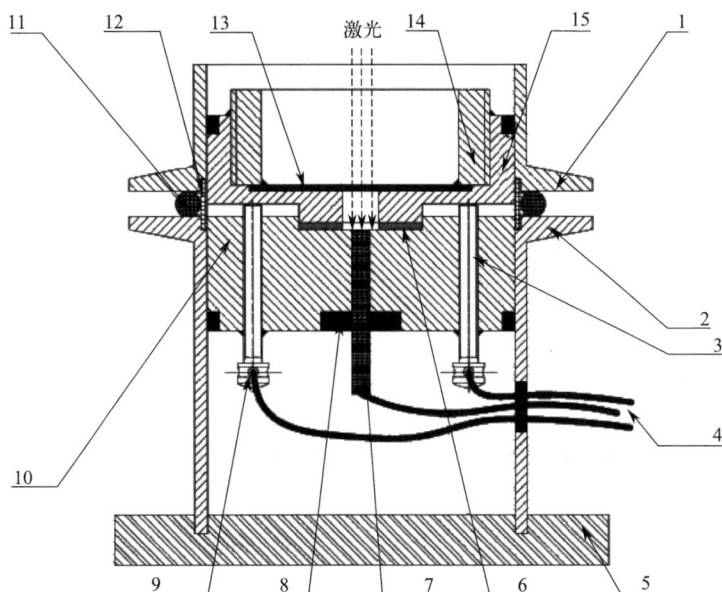

图 3-13　完全装配的三电极原位拉曼电池

1—KF 50-20 法兰；2—KF 50-50 法兰；3—对电极连接柱；4—三电极连接线；

5—支撑基座；6—电池主体；7—工作电极连接柱；8—密封剂；9—参比电极连接柱；

10—下内腔体；11—密封圈；12—密封支架；13—石英晶片；14—螺纹套筒；15—上内腔体

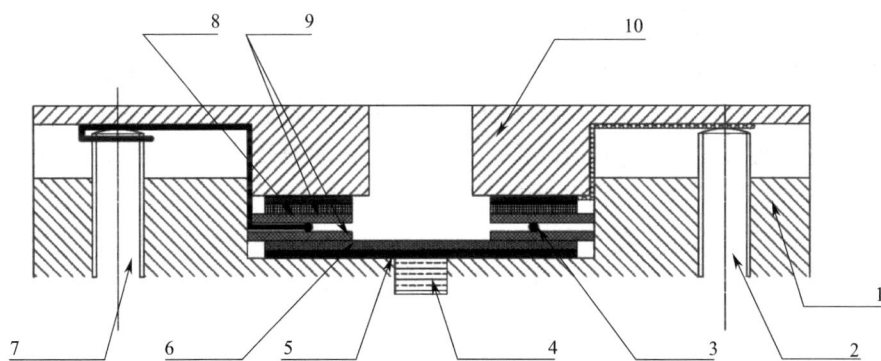

图 3 14　原位拉曼电池中三电极组件的结构细节

1—下腔体；2—对电极连接柱；3—参比电极；4—工作电极连接柱；

5—碳胶带；6—工作电极；7—参比电极连接柱；8—对电极；

9—隔膜；10—上腔体

曼光谱信号的强度和位移的要求。

　　另外，本实验设计的原位拉曼测试装置还具有以下优点：

　　（1）便于组装：设备采用法兰/卡箍外壳，方便固定和密封；

　　（2）高抗电解液腐蚀性：上下内腔为聚四氟乙烯材质；

　　（3）高密封性：在各个部件连接处用密封胶密封以提高装置的密封性；

（4）低成本：设备的部分原件采用标准件，便于购买和替换。

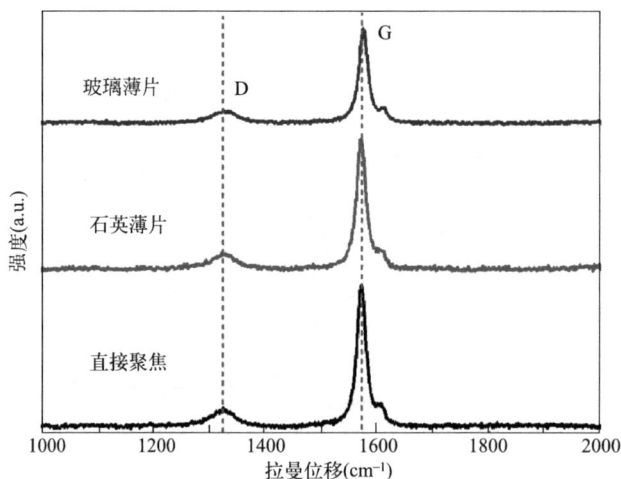

图 3-15　直接聚焦、透过石英薄片和玻璃薄片聚焦到样品表面获得的石墨拉曼光谱

图 3-15　中拉曼峰的拉曼位移和强度　　　　表 3-5

	直接聚焦		石英薄片		玻璃薄片	
	D 峰	G 峰	D 峰	G 峰	D 峰	G 峰
拉曼位移(cm^{-1})	1330	1572	1330	1572	1331	1575
强度(a.u.)	324	2622	297	2433	219	1752

原位拉曼电池的组装方法：

1）研究中的工作电极（WE）、石墨基材料（ϕ16mm）通过碳导电胶带固定在钨棒上，铝箔（ϕ16mm）对电极（CE）通过碳导电胶带粘合固定在上腔的下表面；

2）将参比电极（RE），即具有环形的（ϕ12mm）的铝丝（ϕ0.5mm），固定在作为隔膜的两层玻璃纤维滤纸（ϕ20mm）之间，将它们放置在 WE 的上表面；

3）铝箔和隔膜中心的小孔（ϕ6～8mm）使激发的激光束聚焦到工作电极上；

4）在手套箱内，添加适量的电解液（氯化铝基电解液）以确保工作电极和玻璃纤维滤纸完全被浸润；

5）将电池组装好并从手套箱中取出进行原位拉曼光谱测量。组装好的原位拉曼测试装置以及现场测试设备如图 3-16 所示。

原位拉曼光谱采集可以通过两种方式实现：

（1）循环伏安测试（CV）和扫描阶跃测试（SSF）技术联合使用：首先测试循环伏安曲线以确定拉曼信号采集点。然后，通过 SSF 技术将电化学信号施加到电极上，同时使用拉曼光谱仪记录拉曼光谱；

（2）恒电流充放电（CCCD）和恒电位充放电（CVCD）技术联合使用：首先进行恒电流充放电测试以确定拉曼信号采集点。然后，通过 CCCD 和 CVCD 方式将电化学信号施加到电极上，同时使用拉曼光谱仪记录拉曼光谱。

拉曼信号的采集：波长为 632.8nm 的 He-Ne 激光器的激发光通过焦距 10mm 的 50

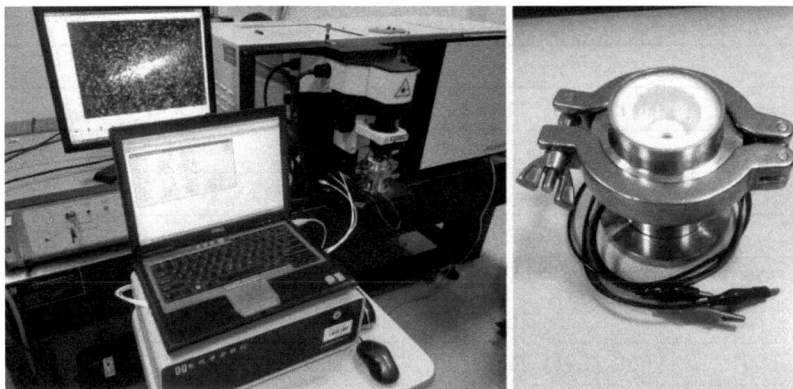

图 3-16 用于铝电池的原位拉曼测试系统

倍物镜聚焦在工作电极表面。将共焦点调整到最小以避免非共焦信号的影响。散射光沿着与入射激光的光路反向路径收集。传递到电极表面的激光束功率大约为 1.2mW，以避免损坏石墨型正极。频谱采集时间设置为 15s，累积 2 次。

本实验采用 CV 和 SSF 联合技术测得了以氯化铝-1-乙基-3-甲基氯化咪唑（$AlCl_3$-EMImCl，摩尔比为 1.3）为电解液的 Al/u-GF@CFC 电池的原位拉曼光谱。原位拉曼信号的采集点由循环伏安曲线确定，如图 3-17(a) 所示。几个明显的氧化峰（对应点 2、3、4、5）和还原峰（对应点 7、8、9、10），对应于 $[AlCl_4]^-$ 络合离子在石墨层的不同嵌入/脱嵌阶段。选择标记为点 1、6、11 的电位以分别获取原始、完全充电和完全放电状态下正极的拉曼光谱。通过 SSF 技术将电化学信号施加到电极上，充放电过程的参数见表 3-6。表中恒电位技术是为了确保石墨正极与氯铝酸根离子的完全反应，同时使用拉曼光谱仪记录拉曼光谱。

原位拉曼装置充放电过程中参数　　　　　　　　　　　　　表 3-6

步骤	参数	
Step 1	Init E=1.2V, Final E=1.6V, Scan rate=1mV/s	
Step 2	Step E=1.6V, Time=600s	Point 1
Step 3	Init E=1.6V, Final E=1.85V, Scan rate=1mV/s	
Step 4	Step E=1.85V, Time=600s	Point 2
Step 5	Init E=1.85V, Final E=2V, Scan rate=1mV/s	
Step 6	Step E=2V, Time=600s	Point 3
Step 7	Init E=2V, Final E=2.15V, Scan rate=1mV/s	
Step 8	Step E=2.15V, Time=600s	Point 4
Step 9	Init E=2.15V, Final E=2.3V, Scan rate=1mV/s	
Step10	Step E=2.3V, Time=600s	Point 5
Step 11	Init E=2.3V, Final E=2.45V, Scan rate=1mV/s	
Step 12	Step E=2.45V, Time=600s	Point 6
Step 13	Init E=2.45V, Final E=2.25V, Scan rate=1mV/s	
Step 14	Step E=2.25V, Time=600s	Point 7

续表

步骤	参数	
Step 15	Init E=2.25V，Final E=2.05V，Scan rate=1mV/s	
Step 16	Step E=2.05V，Time=600s	Point 8
Step 17	Init E=2.05V，Final E=1.85V，Scan rate=1mV/s	
Step 18	Step E=1.85V，Time=600s	Point 9
Step 19	Init E=1.85V，Final E=1.65V，Scan rate=1mV/s	
Step 20	Step E=1.65V，Time=600s	Point 10
Step 21	Init E=1.65V，Final E=1.25V，Scan rate=1mV/s	
Step 22	Step E=1.25V，Time=600s	Point 11

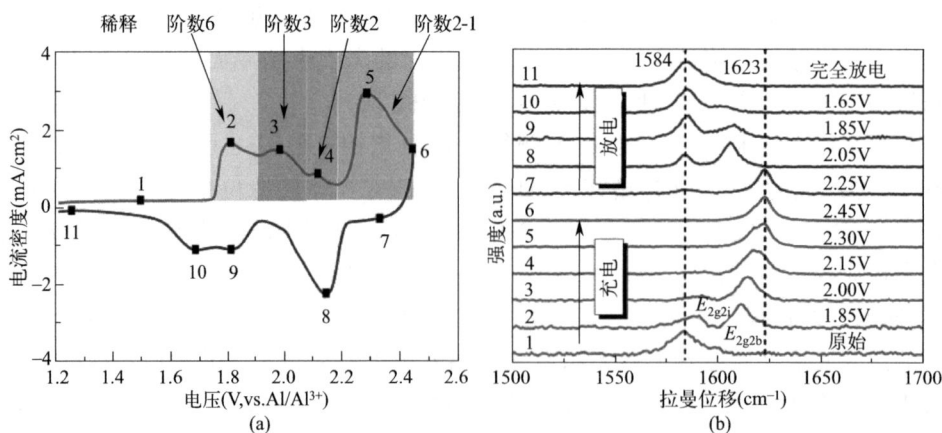

图 3-17 Al/u-GF@CFC 电池的原位拉曼测试

（a）Al/u-GF@CFC 的循环伏安曲线；（b）u-GF@CFC 正极的原位拉曼光谱

图 3-17（b）为 Al/u-GF@CFC 电池在一个循环周期中获得的原位拉曼光谱。它表现为典型的石墨层间化合物（GIC）类型的行为[30,54,57,60,119,190]。石墨内部层（未被扰动的石墨烯层）、与嵌入离子相邻的边界层和嵌入阶数的结构如图 3-18 所示。石墨中碳原子的面内振动（E_{2g2}）表现为拉曼图谱中位于 1584cm^{-1} 处的 G 峰，且 G 峰对嵌入/脱嵌反应过程中电荷转移和层间相互作用非常敏感。当离子嵌入石墨晶格中时，它们会倾向于选择性地占据离散层。石墨中与这些嵌入离子层相邻的石墨烯平面称为边界层。嵌入离子层会影响边界层的面内振动，从而改变 G 峰的拉曼频率。图 3-18 的下半部分说明了离子在石墨烯层间存储状态。最初会形成一个稀释的一阶石墨层间化合物，它与 G 峰拉曼位移从原始的拉曼位移 1584cm^{-1} 稳定地右移有关。嵌入阶数的变化和伴生的应力引起石墨烯层的堆叠。这种堆叠的突然变化会直接导致 G 峰分裂。内部未被扰动的石墨烯层仍显示为 E_{2g2i} 模式，而邻近嵌入离子的边界层表现为一个分离的 E_{2g2b} 频率。E_{2g2i} 和 E_{2g2b} 振动模式对应拉曼位移的偏移取决于石墨层间化合物的嵌入阶数。

如图 3-17（b）所示，在充电过程中，当电压为 1.5V 时，G 峰对应的拉曼振动模式（E_{2g2}）没有任何的变化。随着充电电压增加到 1.85V，G 峰分裂为 E_{2g2i} 和 E_{2g2b} 的两个拉曼振动模式，它们分别对应于未扰动的石墨烯层和与插层相邻的边界石墨烯层的碳原子振动。

充电过程中 $[AlCl_4]^-$ 络合离子嵌入反应导致正极中石墨烯层发生电荷转移，因此引起峰向右偏移。这代表了一个典型的受体型石墨层间化合物行为[191]。随着充电电压继续增加，E_{2g2i} 峰强度降低和 E_{2g2b} 峰右移，这意味着更多的 $[AlCl_4]^-$ 离子嵌入会形成更多的嵌入石墨烯层，从而导致石墨层间化合物的阶数更低。当充电电压增加到 2.15V 时，E_{2g2i} 峰消失，对应图 3-17(a) 中第三个氧化峰。这表明石墨内部层（未被扰动的石墨烯层）完全消失，从而形成了一个阶数为 2 的石墨层间化合物[192]。一旦在 2.45V 下完全充电，则在 $1623cm^{-1}$ 处会出现一个尖峰，它对应石墨层间化合物从阶数 2 向阶数 1 的转变过程。

充电过程中 u-GF@CFC 正极 E_{2g2} 振动模式的拉曼位移总偏移量为 $39cm^{-1}$。偏移变化规律和 E_{2g2} 拉曼峰的分裂与其他受体型石墨层间化合物的行为一致[177]。根据 E_{2g2i} 和 E_{2g2b} 振动模式的拉曼位移与石墨层间化合物的阶数倒数呈线性关系[193]，证实了完全充电状态的 u-GF@CFC 正极确实对应了阶数为 2-1 的石墨层间化合物（stage 2-1）。根据上述理论，进一步确定了循环伏安曲线中嵌入阶段 2 和 3（图 3-17a）分别对应了阶数为 6 和 3 的石墨层间化合物。图 3-17(a) 显示了 u-GF@CFC 正极的循环伏安曲线上各个氧化峰和不同石墨层间化合物的关联。充电过程中 $[AlCl_4]^-$ 离子嵌入 u-GF 中形成石墨层间化合物的过程为：

$$\text{Dilute stage 1} \longrightarrow \text{Stage 6} \longrightarrow \text{Stage 3} \longrightarrow \text{Stage 2} \longrightarrow \text{Stage 2-1}$$

各阶段对应的石墨层间化合物的状态如图 3-18 所示。在初始阶段，形成一个稀释的一阶石墨层间化合物（dilute stage 1），嵌入物质分散地占据每一个石墨层。进一步的嵌入反应需要有序的分级才能获得能量稳定性。随着 $[AlCl_4]^-$ 络合离子继续嵌入石墨层间，形成阶数为 6 的石墨层间化合物（stage 6）；当 $[AlCl_4]^-$ 络合离子进一步嵌入时，会生成阶数更低的石墨层间化合物（stage 3），内部未被扰动的石墨层减少，如图 3-17(b) 对应的 E_{2g2i} 振动模式拉曼峰强度减弱；直至 E_{2g2i} 振动模式拉曼峰完全消失时形成阶数为 2 的石墨层间化合物（stage 2），该状态的石墨层间化合物中不存在未被扰动的石墨层，完全形成边界石墨层。当 u-GF 完全被充电时，只有部分未有离子嵌入的石墨烯层间继续被 $[AlCl_4]^-$ 络合离子占据，因此石墨层间化合物为 stage 2-1。

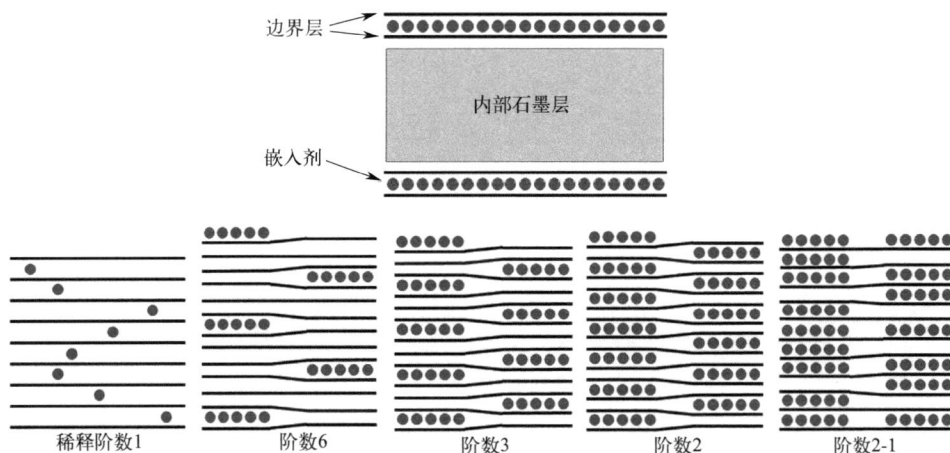

图 3-18　原位拉曼实验中石墨层间化合物阶数的示意图

放电过程中拉曼光谱变化具有相反的规律。当放电电压达到 2.25V 时，在 $1584cm^{-1}$ 处再次出现一个小峰，其强度随着放电电压的降低而增加，这意味着 $[AlCl_4]^-$ 络合离子从 u-GF 正极脱嵌，从而形成新的不受扰动的石墨烯层。随着放电电压继续降低，$1623cm^{-1}$ 处的 E_{2g2b} 峰向左移动，以及 $1602cm^{-1}$ 的低频 E_{2g2b} 模式逐渐降低，这也证实了 $[AlCl_4]^-$ 络合离子的脱嵌过程。最后，在完全放电状态时恢复至原始的典型的石墨拉曼 G 峰。基于以上分析，正极中可逆的嵌入/脱嵌反应使 Al-u-GF@CFC 电池具有良好的电池性能。

3.6 结论

（1）以 N-甲基吡咯烷酮为介质采用超声处理法制备了小片径的石墨薄片（u-GF），并均匀地吸附在碳纤维布（CFC）上制备 u-GF@CFC 电极，用作铝电池的高性能正极材料。

（2）无粘结自支撑的 u-GF@CFC 具有高比容量、低充放电过电位和优异的循环稳定性，展示了优异的电化学性能。

（3）碳纤维布（CFC）的三维多孔交织结构有利于反应物的无障碍传输，使正极的活性材料能够承受大电流。

（4）自主设计了一套测量原位拉曼光谱的实验装置，并成功地应用于铝电池石墨型正极的电化学反应机理的研究；此装置还可应用于其他电化学储能装置，比如：锂离子电池、钠离子电池、锌离子电池。

第 4 章

铝-石墨型电池性能的调控

4.1　引言

氯化铝-氯化 1-乙基-3-甲基咪唑和氯化铝-酰胺基两类室温熔盐因它们各自的优点常被用作可充铝-石墨型电池的电解液。铝-石墨电池的性能不仅取决于石墨型正极，也和电解液的组分和物理化学性质有关。为了更好地发展和应用两类电解液，本章对铝-石墨型电池的 $AlCl_3$-EMImCl/acetamide/urea 3 种电解液进行了系统的对比研究，考察了氯化铝基电解液和添加剂对铝负极的电化学行为的影响、铝负极上枝晶的形成规律以及添加剂铝-石墨型电池性能的影响。

4.2　实验

4.2.1　实验试剂、仪器和设备

本章实验中所涉及的试剂及材料见表 4-1。

实验中所用到的试剂及材料　　　　　　　　　　　　表 4-1

试剂	纯度/型号	生产厂家
1-乙基-3-甲基氯化咪唑	99%	中国科学院兰州化学物理研究所
乙酰胺	99%	国药集团化学试剂有限公司
尿素	99%	国药集团化学试剂有限公司
无水氯化铝	99%	阿拉丁
氯化锂	>99%	阿拉丁
氯化钠	99.5%	阿拉丁
溴化锂	99%	阿拉丁
溴化钠	99%	阿拉丁
碳酸乙烯酯	>99%	阿拉丁
四氢呋喃	>99.5%	阿拉丁
1,2-二氯乙烷	99%	阿拉丁

试剂	纯度/型号	生产厂家
无水乙醇	99.7%	国药集团试剂有限公司
铝丝	99.99%	国药集团试剂有限公司
铝箔	99.99%	国药集团试剂有限公司
钨箔	99.99%	国药集团试剂有限公司
导电胶带	JXS-05081	日本日新电子工业株式会社
玻璃纤维纸	Grade GF/D	Whatman
电池专用极耳胶	4-100	深圳科晶智达科技有限公司
铝塑膜	D-EL40H(3)	日本 DNP
石墨纸	DSN0017	苏州达昇电子材料有限公司
磷酸铁锂	99.99%	深圳科晶智达科技有限公司
Super-P 导电剂	99.99%	深圳科晶智达科技有限公司

本章实验中用到的主要实验仪器型号及生产厂家见表 4-2。

实验所用主要仪器　　　　　　　　　　　　　表 4-2

仪器名称	型号	生产厂家
电化学工作站	CHI660E	上海辰华仪器有限公司
手套箱	MB 200B	德国布劳恩
电子天平	CP313	美国奥豪斯
高性能电池检测系统	CT-ZWJ-4S-T	深圳市新威尔电子有限公司
真空干燥箱	DZF-2B	北京市永光明医疗仪器有限公司
电热鼓风干燥箱	101-2EBS	北京市永光明医疗仪器有限公司
拉曼光谱仪	LabRAM HR 800	法国 Horiba Jobin Yvon
扫描电子显微镜	ZEISS-EVO18	德国蔡司

4.2.2　磷酸铁锂正极的制备

磷酸铁锂正极由活性材料（$LiFePO_4$、LFP）、导电剂（Super-P）和胶粘剂（聚偏二氟乙烯、PVDF）按质量比 80:10:10 均匀分散在 N-甲基吡咯烷酮（NMP）溶剂中，磁力搅拌 5h 形成混合均匀的黏稠浆料，以金属钨箔（99.99%，$50\mu m$）作为集流体，用涂覆法制备厚度为 $50\mu m$ 的薄膜，在 80℃时鼓风干燥箱中干燥去除 NMP，随后在 120℃的真空干燥箱中干燥 12h，最后裁成直径为 10mm 的圆片电极（LFP@Super-P）。作为比较，制备不含活性物质的正极：将导电剂和胶粘剂按质量比 50:50 制备薄膜电极（Super-P），过程和上述相同。

4.2.3　电化学测试

循环伏安测试：采用三电极体系以高纯铝丝为工作电极和参比电极，以高纯铝片为对电极，研究 $AlCl_3$-EMImCl/acetamide/urea 电解液中铝电极上金属铝的沉积/溶解行为，扫描速率为 50mV/s。

恒电流电沉积实验：以高纯铝丝为参比电极，高纯铝片为工作电极和对电极，电解液为含或不含添加剂的 $AlCl_3$-EMImCl/acetamide/urea 电解液。电流密度设置为 $1.3mA/cm$（高电流密度、4C 倍率[52]）。所有的电极在使用前均用砂纸打磨，乙醇清洗，然后干燥。上述所有的电化学实验均在手套箱内实施。

对称铝-铝电池的组装与测试：以高纯铝箔（0.5mm，20mm×20mm）为正极和负极，氯化铝基室温熔盐（摩尔比1.3）为电解液，玻璃纤维滤纸为隔膜在手套箱内组装成软包电池（10mm×7mm）。恒电流充放电测试的电流密度为 $1.3mA/cm^2$，每半个周期的运行时间为 15min。

铝-石墨型电池的组装与电化学测试：以高纯铝箔（15μm，20mm×20mm）为负极，u-GF@CFC 或商业石墨纸为正极，氯化铝基室温熔盐为电解液，玻璃纤维纸为隔膜在手套箱内组装成软包电池（10mm×7mm）。电化学阻抗测试：在开路电位条件下，频率 $10^{-2}\sim10^5$ Hz，振幅 5mV。循环伏安测试：电压扫描范围 0.5～2.45V，扫描速率 0.1mV/s。充放电测试：充放电截止电压由循环伏安曲线获得。原位拉曼电化学测试的实验细节如上述。

铝-磷酸铁锂电池的组装与电化学测试：以高纯铝箔（15μm，20mm×20mm）为负极，LFP@super-P 或 Super-P 薄膜电极为正极，1.7$AlCl_3$-acetamide-0.2LiCl 为电解液，玻璃纤维纸为隔膜在手套箱内组装电池（10mm×7mm）。循环伏安测试：扫描范围 0.1～2.3V，扫描速率 0.1mV/s。充放电测试：定义达到磷酸铁锂的理论比容量时的电流密度为 1C，充放电截止电压由循环伏安曲线获得。

4.2.4　电极材料和电解液的表征

扫描电子显微镜分析（SEM）：在手套箱内，用四氯化碳液体清洗电沉积后的铝工作电极，以除去电极表面附着的电解液，干燥后进行 SEM 测试。对于对称铝-铝电池，经特定充放电循环后首先在手套箱内进行拆卸，保留完整的铝-隔膜-铝三层结构，并用四氯化碳对电极片进行清洗以除去残留的电解液，随后对样品进行镶样，以便表征铝电极和隔膜横截面的形貌。

拉曼光谱分析（Raman）：对于 $AlCl_3$-acetamide-LiCl 电解液，在手套箱内，将配制好的电解液密封在一个"L"形的石英管内，然后进行拉曼测试，实验装置如图 2-1 所示。拉曼光谱测试采用波长为 632.8nm 的 He-Ne 激光，其功率为 1.7mW。对于 Al-u-GF@CFC 电池的原位拉曼光谱测试，实验装置以及步骤如 3.5 节所述。

4.3　电解液组分对 Al/u-GF@CFC 电池性能的调控

前述研究表明 $AlCl_3$-EMImCl/acetamide/urea 3 种室温熔盐的黏度和电导率、组成成分和电化学行为均不同。而它们作为可充铝电池的电解液有各自的优势。因此，以 u-GF@CFC 正极研究了 3 种电解液对铝-石墨型电池性能的影响，进一步理解它们在可充铝电池中的特点。

4.3.1　Al/u-GF@CFC 电池的电化学阻抗测试

以不同氯化铝基电解液组装成的 Al/u-GF@CFC 电池的阻抗图谱（EIS）来评估 Al∣

1.3AlCl$_3$-EMImCl/acetamide/urea｜u-GF@CFC 电池的动力学差异，结果如图 4-1 所示。所有的 EIS 比较相似，采用一个等效电路拟合 EIS 图谱（图 4-2）。等效电路拟合的结果，阐述了离子传输和扩散行为。在等效电路中，R_s 为氯化铝基电解液的电阻。R_{ct} 和 Q 分别代表了电解液-电极界面的电荷转移电阻和双电层电容。Q_1 和 R_1 分别表示固-固界面和电极内部的欧姆电阻。W 为 Warburg 阻抗，它反映了离子向本体电极中的扩散[194-197]。根据表 4-3 的结果，主要用 R_s 和 W 两个关键参数来理解电解液和固态电极间的离子传输和扩散的动力学。R_s 的值越高意味着电解液具有更大的电阻，也就是具有较慢的离子传输。3 种电解液的 R_s 符合以下规律：AlCl$_3$-EMImCl＜AlCl$_3$-acetamide＜AlCl$_3$-urea，与前述研究的各体系的电导率规律一致。因此，AlCl$_3$-EMImCl 体系更有利于离子传输。另外，W 更能代表离子在本体电极中的扩散能力。W 的大小符合以下规律：AlCl$_3$-EMImCl＜AlCl$_3$-acetamide＜AlCl$_3$-urea，意味着 Al｜AlCl$_3$-EMImCl｜u-GF@CFC 电池的正极具有较高的离子扩散能力，也就是阴离子在石墨层间的扩散能力更强。电荷电阻 R_{ct} 反映了电解液-电极界面上界面电荷转移。明显地，采用 AlCl$_3$-EMImCl 组装的电池具有很小的界面电阻。R_1 代表了电极的内部欧姆电阻，它与超声石墨片（u-GF）的尺寸有关，片径越大，石墨片与碳纤维之间的接触越差。3 种电池中的 R_1 值相近，这表明活性物质 u-GF 的粒径在一定的范围内。

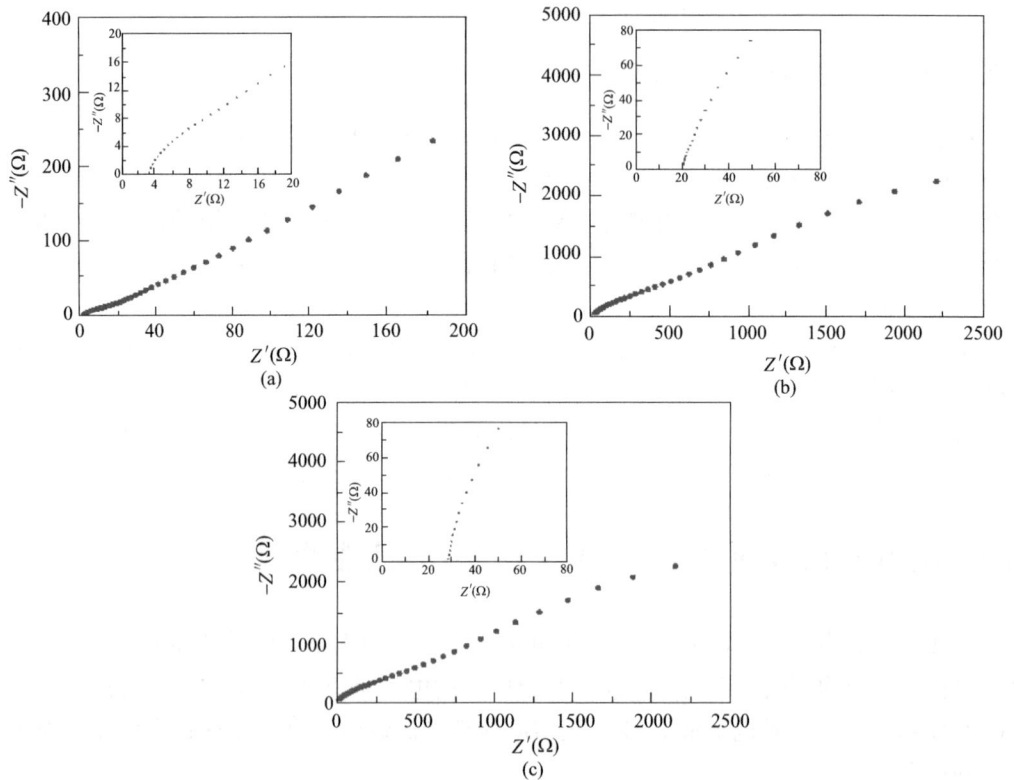

图 4-1　用不同氯化铝基电解液组成的 Al/u-GF@CFC 电池的阻抗图
(a) 氯化铝-氯化 1-乙基-3-甲基咪唑；(b) 氯化铝-乙酰胺；(c) 氯化铝-尿素

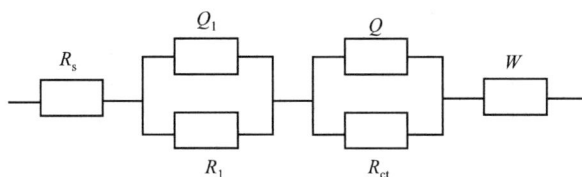

图 4-2 用于拟合电化学阻抗图谱的等效电路

电化学阻抗图等效电路的拟合参数   表 4-3

电解液	$R_s(\Omega)$	$R_1(\Omega)$	$R_{ct}(\Omega)$	$W(\Omega)$
$AlCl_3$-EMImCl	3.249	323.8	2068	706.3
$AlCl_3$-acetamide	20.65	349.5	3136	871.2
$AlCl_3$-urea	28.97	370.8	4968	955.5

4.3.2 Al/u-GF@CFC 电池的循环伏安曲线测试

正极 u-GF@CFC 在不同氯化铝基电解液中的循环伏安曲线如图 4-3 所示。从图 4-3 中可知，各个体系的循环伏安曲线均存在一系列的氧化还原峰，根据前述的分析可知，它们分别对应了 $[AlCl_4]^-$ 络合物在 u-GF 活性物质中不同嵌入/脱嵌的过程。循环伏安曲线中整个氧化反应电压范围（第一个氧化峰的起始电压至最后一个氧化峰的结束电压）定义为 ΔE；氧化过程中最强峰对应的电压和电流定义为 E_1 和 j_1；还原过程中最强峰对应的电压定义为 E_2。3 个电解液对应上述参数的数据列于表 4-4 中。从表 4-4 中数据可知不同电解液组装的电池之间存在明显的差异。3 种电解液的氧化峰电流（j_1）的顺序为 $AlCl_3$-EMImCl＞$AlCl_3$-acetamide＞$AlCl_3$-urea。这与前述氯化铝基电解液中 $[AlCl_4]^-$ 络合物浓度和黏度的规律一致。氧化过程中最强峰对应的电压（E_1）顺序为 $AlCl_3$-EMImCl＞$AlCl_3$-acetamide＝$AlCl_3$-urea。另外，3 种电解液中 $[AlCl_4]^-$ 络合离子在 u-GF 中的嵌入的电压范围（ΔE）分别为 $1.79\sim2.40V$（$AlCl_3$-EMImCl）、$1.51\sim2.19V$（$AlCl_3$-acetamide）和 $1.59\sim2.20V$（$AlCl_3$-urea）。这意味着 $AlCl_3$-EMImCl 电解液有可能提供更高的充电电压。循环伏安曲线中还原过程最强峰对应的电压（E_2）顺序为 $AlCl_3$-EMImCl＞$AlCl_3$-acetamide＝$AlCl_3$-urea。这表明 $AlCl_3$-EMImCl 体系有可能提供较高的放电电压。因此，选择 3 种电解液体系的充放电截止电压分别为 $2.4\sim0.5V$、$2.25\sim0.5V$ 和 $2.25\sim0.5V$。

图 4-3 循环伏安曲线中电压（ΔE、E_1、E_2）和电流密度（j_1）参数值   表 4-4

电解液	$\Delta E(V)$	$E_1(V)$	$j_1(mA/g)$	$E_2(V)$
$AlCl_3$-EMImCl	$1.79\sim2.40$	2.36	0.21	2.22
$AlCl_3$-acetamide	$1.51\sim2.19$	2.09	0.16	1.87
$AlCl_3$-urea	$1.59\sim2.20$	2.09	0.13	1.87

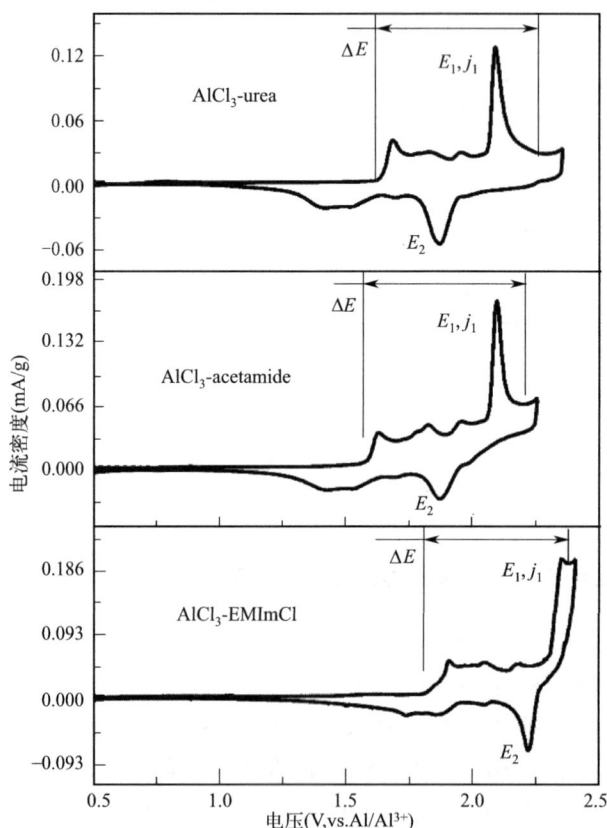

图 4-3　用不同氯化铝基电解液组装的 Al/u-GF@CFC
电池的循环伏安曲线，扫描速率 0.1mV/s

4.3.3　Al/u-GF@CFC 电池的性能测试

为了考察 3 种氯化铝基电解液对铝-石墨型电池的电化学性能的影响，又进一步研究了 Al｜1.3AlCl$_3$-EMImCl/acetamide/urea｜u-GF@CFC 3 种电池在不同电流密度（100～3000mA/g）下的倍率性能，其结果如图 4-4 所示。从图 4-4 可知，Al｜1.3AlCl$_3$-EMImCl｜u-GF@CFC 电池仍然具有较好的倍率性能，这与前述的研究结果一致。对于 Al｜1.3AlCl$_3$-acetamide｜u-GF@CFC 和 Al｜1.3AlCl$_3$-urea｜u-GF@CFC 电池，在电流密度为 100mA/g 时的放电比容量分别为 90mAh/g 和 80mAh/g。随着电流密度的增大，两者的比容量逐渐降低。在电流密度小于 400mA/g 时，AlCl$_3$-acetamide 体系的放电比容量均比 AlCl$_3$-urea 体系高，但是在较大甚至更高的电流密度（＞400mA/g）时，两个体系呈现出相近的比容量。在相同的电流密度下 Al｜1.3AlCl$_3$-Amide｜u-GF@CFC 的比容量要比 Al｜AlCl$_3$-EMImCl｜u-GF@CFC 电池低。3 种电池在不同电流密度下的比容量剩余量列于表 4-5 中。从表 4-5 中的数据可知 Al｜1.3AlCl$_3$-EMImCl｜u-GF@CFC 的倍率性能比 Al｜1.3AlCl$_3$-Amide｜u-GF@CFC 电池好。

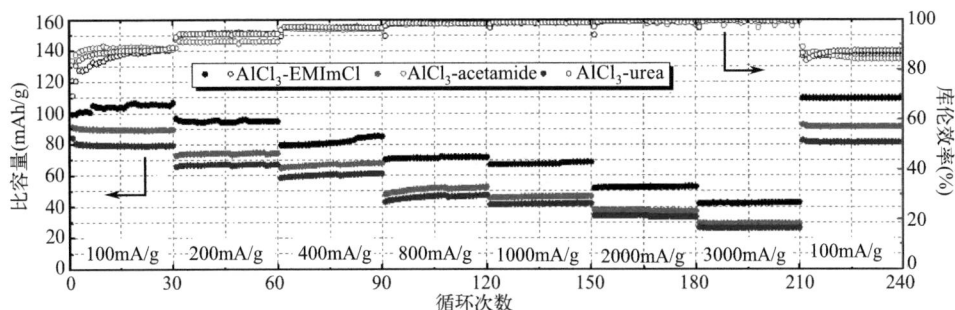

图 4-4 用不同氯化铝基电解液组装的 Al/u-GF@CFC 电池在 100～3000mA/g 电流密度下的倍率性能

不同氯化铝基电解液组装的 Al/u-GF@CFC 电池放电比容量剩余量 表 4-5

电解液	比容量剩余量(%)							
	j(mA/g)							
	100	200	400	800	1000	2000	3000	100
AlCl$_3$-EMImCl	100.0	96.65	88.91	76.81	73.50	57.85	47.50	110.3
AlCl$_3$-acetamide	100.0	83.32	76.44	58.89	52.22	42.22	32.08	100.0
AlCl$_3$-urea	100.0	85.00	75.14	60.13	49.87	40.06	32.10	102.7

为了更好地理解 3 种电解液对 u-GF 正极上电化学储能过程的影响，图 4-5 列出了不同氯化铝基电解液组装的 Al/u-GF@CFC 电池在不同电流密度时充放电的电压特征曲线。在较小的电流密度时，3 个体系表现出相似的电压特征，即 3 个充电过程和 2 个放电过程。对于 AlCl$_3$-EMImCl 体系，3 个充电过程的电压范围分别为 0.5～1.8V、1.8～2.35V、2.35～2.4V；对于 AlCl$_3$-acetamide 体系，3 个充电过程的电压范围分别为 0.5～1.6V、1.6～2.2V、2.2～2.25V。随着电流密度增大，AlCl$_3$-EMImCl 体系仍具有 3 个充电过程，第一个充电过程对 AlCl$_3$-EMImCl 体系提供的比容量基本不变，第二个和第三个充电过程提供的比容量逐渐减小，且 3 个充电电压范围基本不变。但是，对于 AlCl$_3$-acetamide 体系，虽然第一个充电过程提供的比容量基本不变，但是其电压范围上限随电流密度增大逐渐增大到 1.8V。另外，当电流密度大于 1000mA/g 时，AlCl$_3$-acetamide 体系变为两个充电过程。

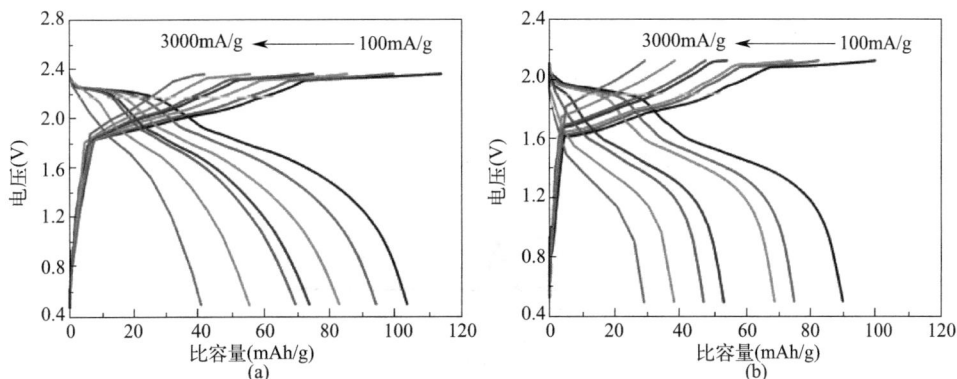

图 4-5 用不同氯化铝基电解液组装的 Al/u-GF@CFC 电池在不同电流密度的充放电电压特征曲线

(a) 氯化铝-氯化 1-乙基-3-甲基咪唑；(b) 氯化铝-乙酰胺；

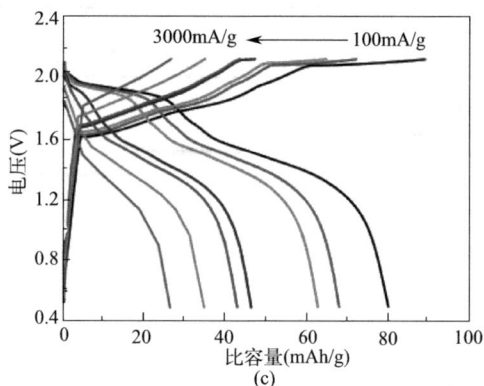

图 4-5　用不同氯化铝基电解液组装的 Al/u-GF@CFC 电池在不同电流密度的充放电电压特征曲线（续）

(c) 氯化铝-尿素

Al｜1.3AlCl$_3$-EMImCl/acetamide/urea｜u-GF@CFC 3 种电池充电过程的原位拉曼图谱如图 4-6 所示。图 4-6 中拉曼谱线的变化符合典型的石墨层间嵌入反应。从图 4-6 可知，当 3 个体系完全充电时，形成的新的石墨层间化合物的拉曼位移分别为 1623cm^{-1}、1615cm^{-1} 和 1616cm^{-1}。根据石墨层间化合物的拉曼位移与络合离子嵌入石墨层间阶段数的倒数呈线性关系[177]，可计算 AlCl$_3$-EMImCl/acetamide/urea 3 种电解液中［AlCl$_4$］$^-$ 离子在 u-GF 完全充电时形成的石墨层间化合物的阶数分别为 stage 2-1、stage 2 和 stage 2。这表明 AlCl$_3$-EMImCl 电解液中［AlCl$_4$］$^-$ 离子在 u-GF 中的嵌入程度比 AlCl$_3$-Amide 的更加充分，这证实了 AlCl$_3$-EMImCl 电解液提供的比容量明显要比 AlCl$_3$-Amide 体系的高。

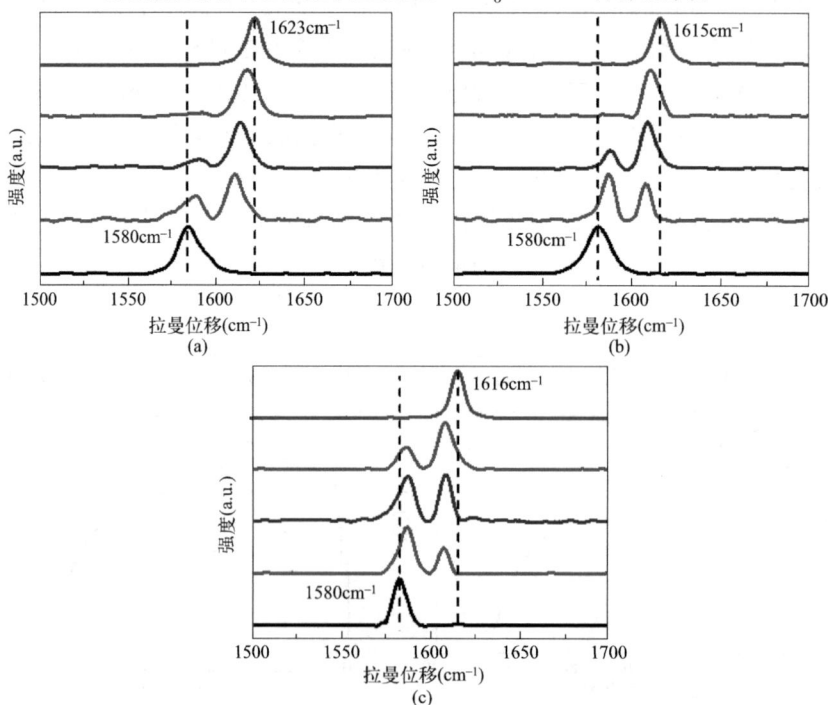

图 4-6　用不同氯化铝基电解液组装的 Al/u-GF@CFC 电池的充电过程的原位拉曼光谱

(a) 氯化铝-氯化 1-乙基-3-甲基咪唑；(b) 氯化铝-乙酰胺；(c) 氯化铝-尿素

铝-石墨型电池的正负极反应分别为 $[AlCl_4]^-$ 在石墨层间的嵌入/脱嵌反应和 $[Al_2Cl_7]^-$ 电化学还原生成金属铝及金属铝的再溶解。电解液的组分和物理化学性质会影响电池这两个电极反应过程，从而影响电池的电化学性能。从前述拉曼图谱分析可知，3 种氯化铝基电解液中含铝络合阴离子（$[AlCl_4]^-$ 和 $[Al_2Cl_7]^-$）的浓度符合以下规律：$AlCl_3$-EMImCl>$AlCl_3$-acetamide>$AlCl_3$-urea。含铝络合阴离子浓度越高，为电池电极反应提供的活性物质越多。因此，3 种电解液能够提供的比容量遵循 $AlCl_3$-EMImCl>$AlCl_3$-acetamide>$AlCl_3$-urea 规律，这与循环伏安曲线中峰电流强度的变化一致。另外，$AlCl_3$-EMImCl 电解液的电导率高及黏度低，$AlCl_3$-EMImCl 比 $AlCl_3$-acetamide 和 $AlCl_3$-urea 更有利于铝-石墨型电池承受较大的电流，因此在较高的电流密度下 $AlCl_3$-EMImCl 体系仍能保持较高的比容量，且比容量剩余量要高于 $AlCl_3$-acetamide 和 $AlCl_3$-urea 体系。在上述分析中，$AlCl_3$-acetamide 和 $AlCl_3$-urea 电解液中 $[AlCl_4]^-$ 离子在 u-GF 中的嵌入程度一样，但是其提供的比容量有所差别，这主要就是因为 $AlCl_3$-acetamide 体系中电极反应所需的活性物质浓度比 $AlCl_3$-urea 体系的高。在高电流密度时离子的迁移和扩散过程成为电极反应的限制步骤。由于 $AlCl_3$-acetamide 和 $AlCl_3$-urea 体系的黏度高和扩散电阻大，且相差不大，所以导致在较大的电流密度时两种体系表现出相似的比容量。这也解释了随着电流密度的增大，$AlCl_3$-acetamide 和 $AlCl_3$-urea 体系的充电过程会由三个过程变为两个过程，且第一个充电过程的电压上限值升高。而 $AlCl_3$-EMImCl 体系则没有出现这种现象，这是因为该体系的黏度和扩散电阻远比 $AlCl_3$-acetamide 和 $AlCl_3$-urea 体系的低，更有利于离子在正极间的迁移和扩散。

由上述分析可知，$AlCl_3$-EMImCl 体系作为电解液的铝-石墨型电池电化学性能要比 $AlCl_3$-Amide 电解液优异。这一点可从 3 种电池在不同电流密度下的能量密度叠图中看出（图 4-7a）。基于活性物质的质量计算，在电流密度为 100mA/g 时 $AlCl_3$-EMImCl 体系提供的能量密度为 105.8Wh/kg，$AlCl_3$-acetamide 和 $AlCl_3$-urea 贡献的能量密度分别为 87.5Wh/kg 和 84.6Wh/kg。虽然 $AlCl_3$-acetamide 体系的电化学性能与 $AlCl_3$-EMImCl

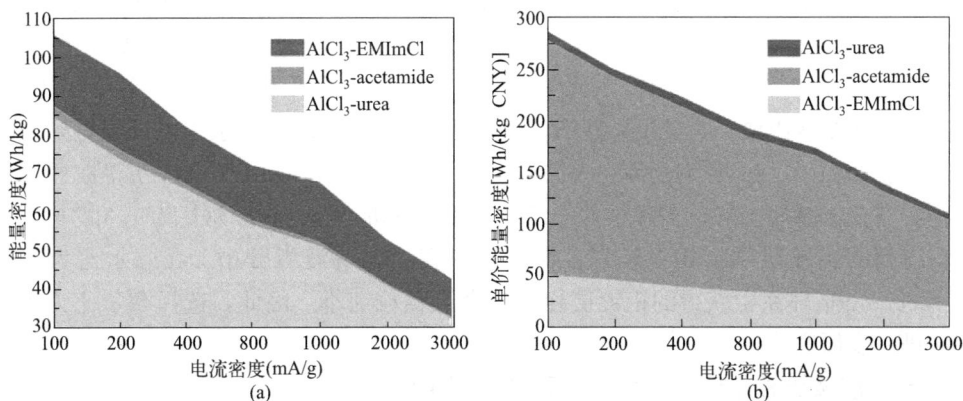

图 4-7 用不同氯化铝基电解液组装的 Al/u-GF@CFC 电池在 100～3000mA/g 电流密度的能量密度

（a）能量密度；（b）以 1mL 电解液所需费用计算的单价能量密度

存在差距，但是不可忽视的是氯化铝-酰胺体系具有价格便宜等优点。因此，我们按照 1mL 氯化铝基电解液所需原料的市场价格计算了上述电池的单价能量密度（一元人民币所能提供的能量密度），结果如图 4-7(b) 所示。从图 4-7(b) 可知，$AlCl_3$-EMImCl 体系提供的单价能量密度为 52Wh/(kg·CNY)。$AlCl_3$-acetamide 和 $AlCl_3$-urea 的单价能量密度是 $AlCl_3$-EMImCl 体系的 5~6 倍，分别为 281.1Wh/(kg·CNY) 和 288.9Wh/(kg·CNY)。显然，$AlCl_3$-acetamide 体系具有很高的价格优势。从经济效益方面考虑，这提高了 $AlCl_3$-acetamide 体系在某些领域的应用潜力和研究价值。

4.4 电解液添加剂对铝-石墨型电池性能的调控

用氯化铝基室温熔盐作为电解液的可充铝电池在金属铝负极上存在明显的铝枝晶结构。此外，氯化铝-酰胺电解液的黏度高、电导率低。这些因素会严重影响铝电池的电化学性能和运行寿命。许多学者常常考虑使用添加剂以改善电解液的物理化学性质和镀层的质量。为了改善氯化铝基电解液在铝电池应用中的缺点，本节研究了两类电解液添加剂：具有小离子半径的碱金属卤化物（LiCl，LiBr，NaCl，NaBr）和介电常数大且黏度低的有机物〔碳酸亚乙酯（EC），四氢呋喃（THF），1,2-二氯乙烷（DCE）〕。

4.4.1 电解液添加剂对铝负极电化学循环稳定性影响

1. 电解液摩尔比对铝基底上铝镀层形貌的影响

已有研究表明，用于铝-石墨型电池电解液的 $AlCl_3$-EMImCl 体系的最佳摩尔比为 1.3~1.5[30]。以金属铝基底上恒电流电沉积的镀层形貌作为铝电池在第一次充电结束后铝负极的初始状态。因此，考察了在高电流密度（1.3mA/cm²，4C）时不同摩尔比的 3 种氯化铝基电解液（$AlCl_3$-EMImCl/acetamide/urea）中金属铝基底上镀层的形貌，结果如图 4-8 所示。在 $AlCl_3$-EMImCl（摩尔比 1.3/1.4/1.5）体系中电沉积得到的金属铝镀层形貌如图 4-8(a)~(c)所示。摩尔比为 1.3 的电解液中得到的铝镀层没有完全覆盖整个铝基底。随着摩尔比增大，镀层的覆盖率提高，但是获得的镀层为枝晶或粉状结构。在 $AlCl_3$-acetamide（摩尔比 1.3/1.4/1.5）体系中电沉积得到的金属铝镀层形貌如图 4-8(d)~(f)所示。当电解液的摩尔比为 1.3 时，镀层为颗粒状晶粒，随着摩尔比增大，镀层变为片状结构组成。在 $AlCl_3$-urea（摩尔比 1.3/1.4/1.5）体系中电沉积得到的金属铝镀层形貌如图 4-8(g)~(i)所示。从图中可以看出，$AlCl_3$-urea 体系中获得镀层均为枝晶结构，其在铝基底上的覆盖率很差。从上述比较分析可知，在摩尔比为 1.3 的电解液中电沉积得到的铝镀层质量相对较好，在所有研究的电解液组分中，在摩尔比为 1.3 的 $AlCl_3$-acetamide 体系中获得的铝镀层相对致密且颗粒细小。因此，选择摩尔比为 1.3 的电解液进一步研究。

2. 电解液添加剂对铝基底上铝镀层形貌的影响

在 3 种氯化铝基电解液（$AlCl_3$-EMImCl/acetamide/urea、$r=1.3$）中研究了电解液添加剂对铝基底上铝镀层形貌的影响。含添加剂的 $AlCl_3$-EMImCl 体系中获得的铝镀层的 SEM 如图 4-9 所示。除 LiBr 和 DCE 之外，其他添加剂均提高了铝镀层质量。镀层晶粒尺

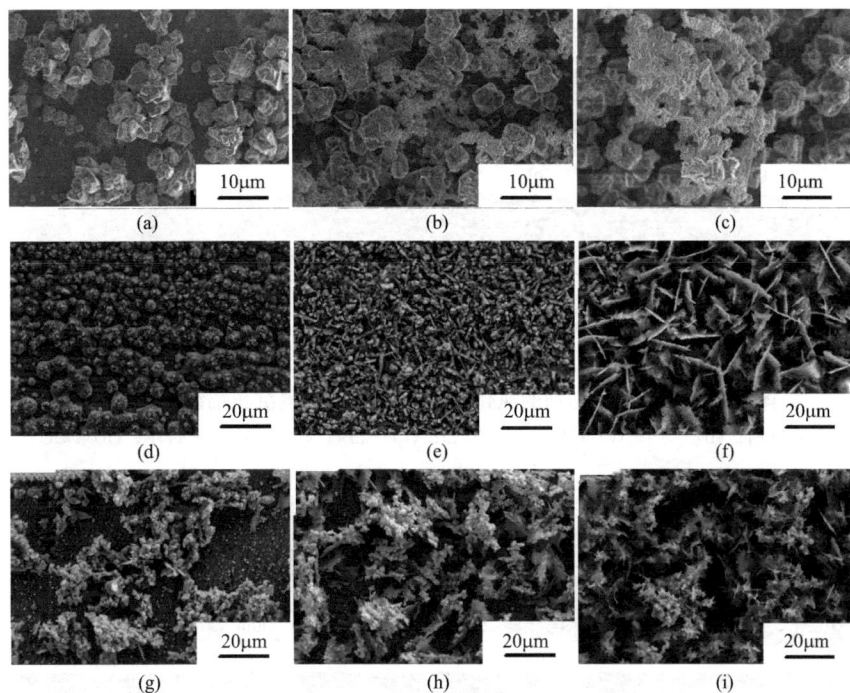

图 4-8　氯化铝基电解液中电沉积铝镀层的 SEM 图

(a) $AlCl_3$-EMImCl（$r=1.3$）；(b) $AlCl_3$-EMImCl（$r=1.4$）；(c) $AlCl_3$-EMImCl（$r=1.5$）；

(d) $AlCl_3$-acetamide（$r=1.3$）；(e) $AlCl_3$-acetamide（$r=1.4$）；(f) $AlCl_3$-acetamide（$r=1.5$）；

(g) $AlCl_3$-urea（$r=1.3$）；(h) $AlCl_3$-urea（$r=1.4$）；(i) $AlCl_3$-urea（$r=1.5$）

寸变小，覆盖率增加，特别是添加剂 NaBr 和 EC。对于 $AlCl_3$-acetamide 体系（图 4-10），除 NaBr 以外，添加剂明显改善了镀层质量。致密而平整的铝沉积物覆盖了整个铝基底。在含有添加剂 LiCl 和 LiBr 的电解液中得到的镀层晶粒细小，但有裂纹。在含添加剂 NaCl/EC/THF 的电解液中获得颗粒状镀层。从 $AlCl_3$-acetamide-DCE 中获得由柱状结构组成的镀层。图 4-11 为从含有各种添加剂的 $AlCl_3$-urea 中获得的铝镀层的形貌。所有的镀层均为片状或树枝状。有机添加剂 EC、THF 和 DCE 提高了沉积物在基底上的覆盖率。

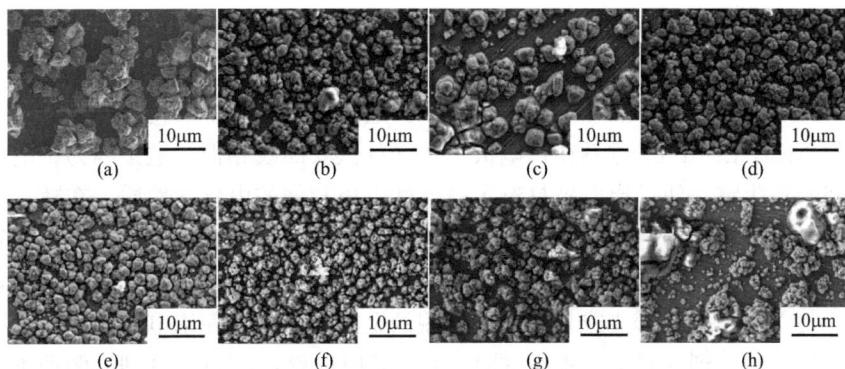

图 4-9　含不同添加剂的氯化铝-氯化 1-乙基-3-甲基咪唑体系中电沉积铝镀层的形貌

(a) 空白；(b) LiCl；(c) LiBr；(d) NaCl；(e) NaBr；(f) EC；(g) THF；(h) DCE

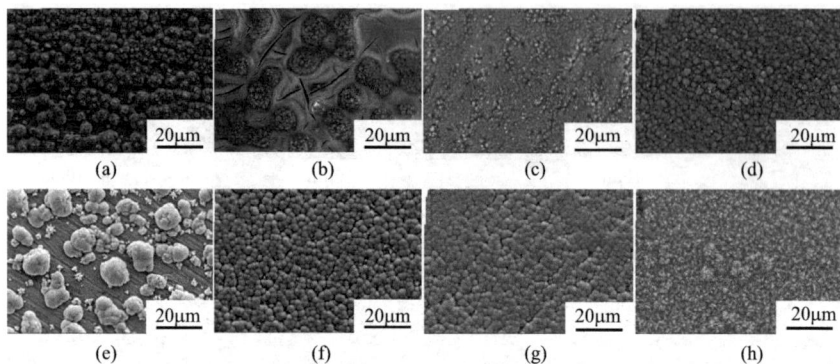

图 4-10　含不同添加剂的氯化铝-乙酰胺体系中电沉积铝镀层的形貌
(a) 空白；(b) LiCl；(c) LiBr；(d) NaCl；(e) NaBr；(f) EC；(g) THF；(h) DCE

图 4-11　含不同添加剂的氯化铝-尿素体系中电沉积铝镀层的形貌
(a) 空白；(b) LiCl；(c) LiBr；(d) NaCl；(e) NaBr；(f) EC；(g) THF；(h) DCE

3. 电解液添加剂对铝电极上电化学行为的影响

从添加剂对 3 种电解液中电沉积金属铝镀层形貌的影响可知，EC 是比较合适的电解质添加剂。从前述物理化学性质研究中可知，LiCl、NaCl、DCE 和 THF 添加剂提高了电解液的电导率且几乎不影响电解液的阳极极限电位。综合考虑，选择 LiCl、EC 和 THF 添加剂进一步研究了它们对铝电极在 3 种氯化铝基电解液（AlCl$_3$-EMImCl/acetamide/urea，$r=1.3$）中电化学行为的影响。3 种氯化铝基电解液在铝工作电极上的循环伏安曲线如图 4-12、图 4-13 和图 4-14 所示。

对于 AlCl$_3$-EMImCl 体系，第一圈循环伏安过程仅存在一个氧化峰和一个过电位还原过程，这与 AlCl$_3$-EMImCl 体系在钨电极上的循环伏安曲线相似。这是因为铝电极表面存在一层致密的氧化膜，使得铝电极具有了与惰性电极相似的电化学性质。在随后的循环伏安扫描过程中观察到 3 个还原过程（C1、C2 和 C3），阳极扫描过程中出现两个氧化峰（A2 和 A4）和两个小肩峰（A1 和 A3）（图 4-12a）。通常，对于单一电活性物质，多个还原过程可能归因于合金的形成或具有不同形貌的金属沉积物。在铝电极上，只有第二种可能可以用来解释观察到的行为。根据文献[141]，还原过程 C3 和 C2 分别为两种不同形貌的金属铝生成，即大晶粒和小晶粒的镀层。还原过程存在明显的过电位，对应了大量金属铝的沉积（峰 C3）和相应的铝溶解（峰 A3）。这是因为在 CV 测试之前尽管用砂纸对铝电

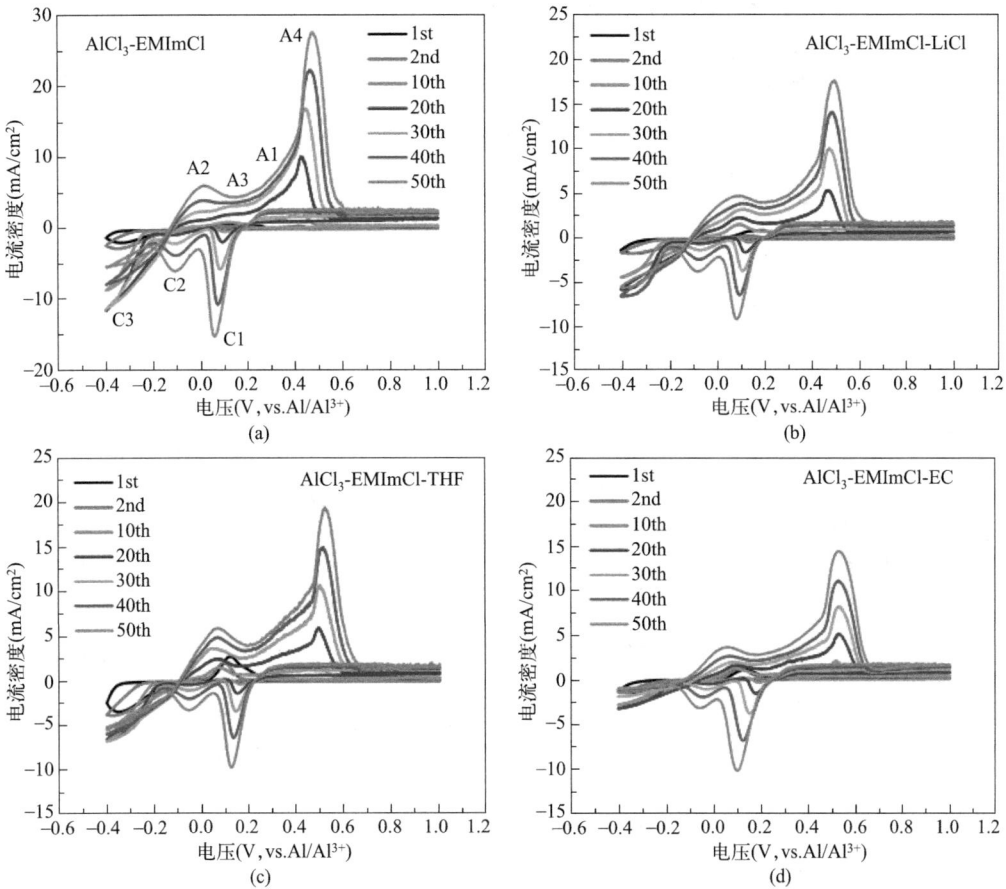

图 4-12 含或不含添加剂的氯化铝-氯化 1-乙基-3-甲基咪唑中铝电极
上连续循环伏安曲线,扫描速率为 50mV/s

极进行了打磨处理,覆盖在电极上的氧化膜仍难以完全去除[198]。还原过程 Cl 与其他文献报道的 AlCl₃-EMImCl 电解液中金属铝的电化学行为相同,但是并没有给出确切的解释,他们认为与暴露的纯铝电极有关[199],也有可能是因为电极表面电化学活性很大而导致出现的欠电位还原。氧化峰 A4 对应金属基底铝的电化学溶解。随着扫描电位增大,峰 A4 的阳极电流几乎降至零,这是由铝电极钝化导致的[157]。从第 10 次循环开始,随着循环次数的增多,还原和氧化峰的电流密度逐渐增大。在反应过程中可认为熔盐中的离子浓度、扩散系数、扫描速率和电子转移数是不变的,由式(4-1)可知,对于不可逆的电极反应,氧化峰与还原峰电流与电极面积成正比[200]。随着循环次数的增加,铝沉积/溶解不断进行,导致铝电极表面变得粗糙,实际表面积大于表观面积,因此电流增大。此外,电极表面双电层中的 [AlCl₄]⁻ 离子也能腐蚀铝,也增大了电极实际表面积。

$$i_p = 0.4958 n_\alpha Fc \left(\frac{\alpha n_\alpha F}{RT} \right)^{0.5} AD^{0.5} \nu^{0.5} \qquad (4-1)$$

式中,i_p——峰电流,A;

n_α——转移电子数;

F——法拉第常数，96485C/mol；

c——离子浓度，mol/cm^3；

α——传递系数；

R——理想气体常数，8.314J/(mol·K)；

T——温度，K；

D——扩散系数，cm^2/s；

A——电极面积，cm^2；

ν——扫描速率，v/s。

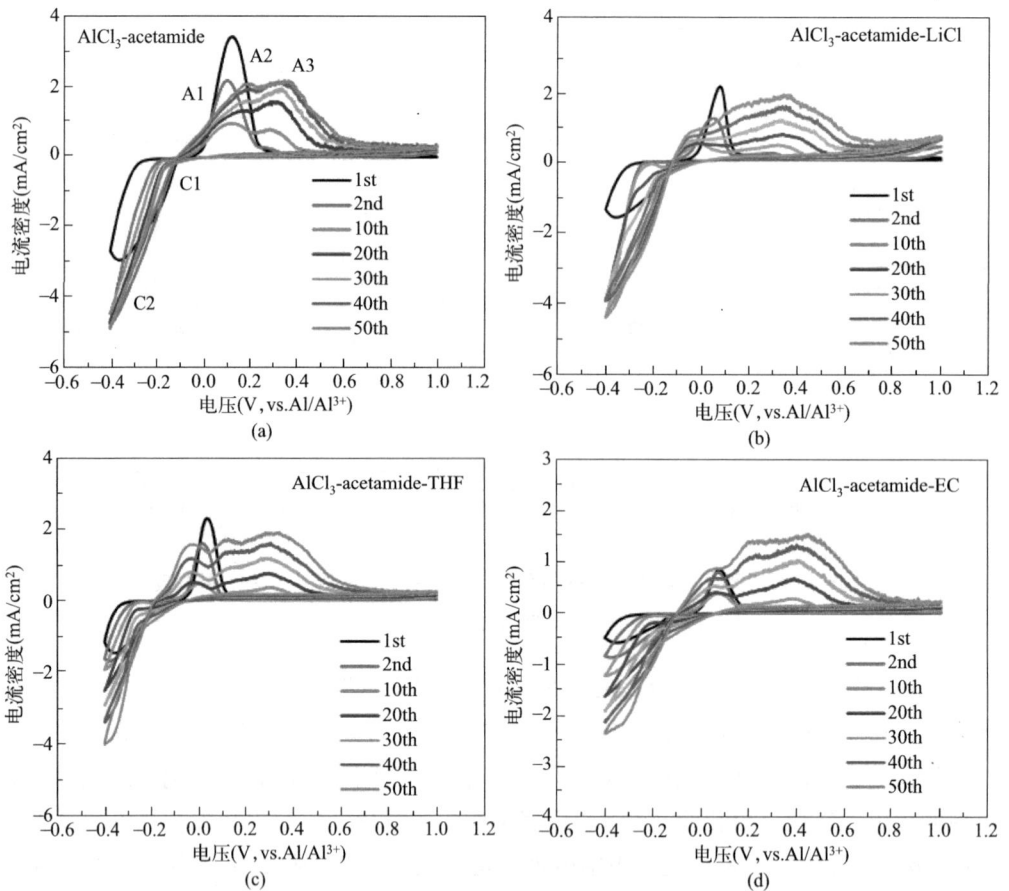

图 4-13　含或不含添加剂的氯化铝-乙酰胺中铝电极上连续循环伏安曲线，扫描速率为 50mV/s

对比 AlCl$_3$-EMImCl 体系加入添加剂前后的循环伏安曲线（图 4-12），发现添加剂使得铝的沉积/溶解过程电流密度大大减小。由拉曼光谱分析结果可知，添加剂的加入改变了熔盐的结构及组成，减小了活性物质 [Al$_2$Cl$_7$]$^-$ 离子的含量，而 [Al$_2$Cl$_7$]$^-$ 离子为参与电荷转移的主要离子，从而减小了电极反应的电流密度。

AlCl$_3$-acetamide 和 AlCl$_3$-urea 体系在铝电极上的循环伏安曲线分别如图 4-13 和图 4-14 所示。前两次循环伏安曲线中由于氧化膜的存在仅存在一对还原氧化过程。之后的循环伏安曲线上存在两个过电位还原过程以及三个氧化峰。C1 和 C2 对应不同形貌的铝晶粒的沉积，A1 和 A2 则是对应其电化学溶解过程。这与首圈的循环伏安曲线表现出较大的差异，这是因为随着扫描的循环，电极表面的变化改变了铝络合离子在铝工作电极上的电化学行为。位于 0.4V 附近的氧化峰 A3 对应金属基底铝的电化学溶解。同样地，随着扫描电位增大，由于铝电极的钝化而导致峰 A3 的阳极电流几乎降至零。$AlCl_3$-Amide 体系的循环伏安曲线中氧化还原峰电流密度均明显比 $AlCl_3$-EMImCl 体系中得到的电流密度小得多。由前述的拉曼图谱分析与计算可知，$AlCl_3$-Amide 体系中活性物质 $[Al_2Cl_7]^-$ 离子的含量明显低于 $AlCl_3$-EMImCl 体系中的含量，即式(4-1)中离子浓度 c 较低，这就导致了电极反应的电流密度也要比 $AlCl_3$-EMImCl 体系的电流密度小。此外，从物理化学性质研究可知 $AlCl_3$-Amide 体系的黏度较大，$[Al_2Cl_7]^-$ 离子的传质速率减小可能也是导致电流密度较小的原因之一。从第 10 次循环开始，随着循环次数的增多，氧化与还原峰电流逐渐增大。从第 30 次循环开始，$AlCl_3$-Amide 体系中氧化还原过程的峰值电流增加趋势减小。这表明电极表面形貌变化程度减弱。同样地，由拉曼光谱分析结果可知 $AlCl_3$-Amide 体系加入添加剂后，电解质中 $[Al_2Cl_7]^-$ 离子的含量均会减少，从而使得各氧化还原峰电流密度均有一定程度的减小。在含添加剂的 $AlCl_3$-Amide 体系中，还原氧化峰 C1 和 A1 更加明显。在 $AlCl_3$-Amide-EC 体系中，随扫描循环，基底铝的氧化溶解峰 A3 增大的程度明显高于金属铝的还原/氧化峰。

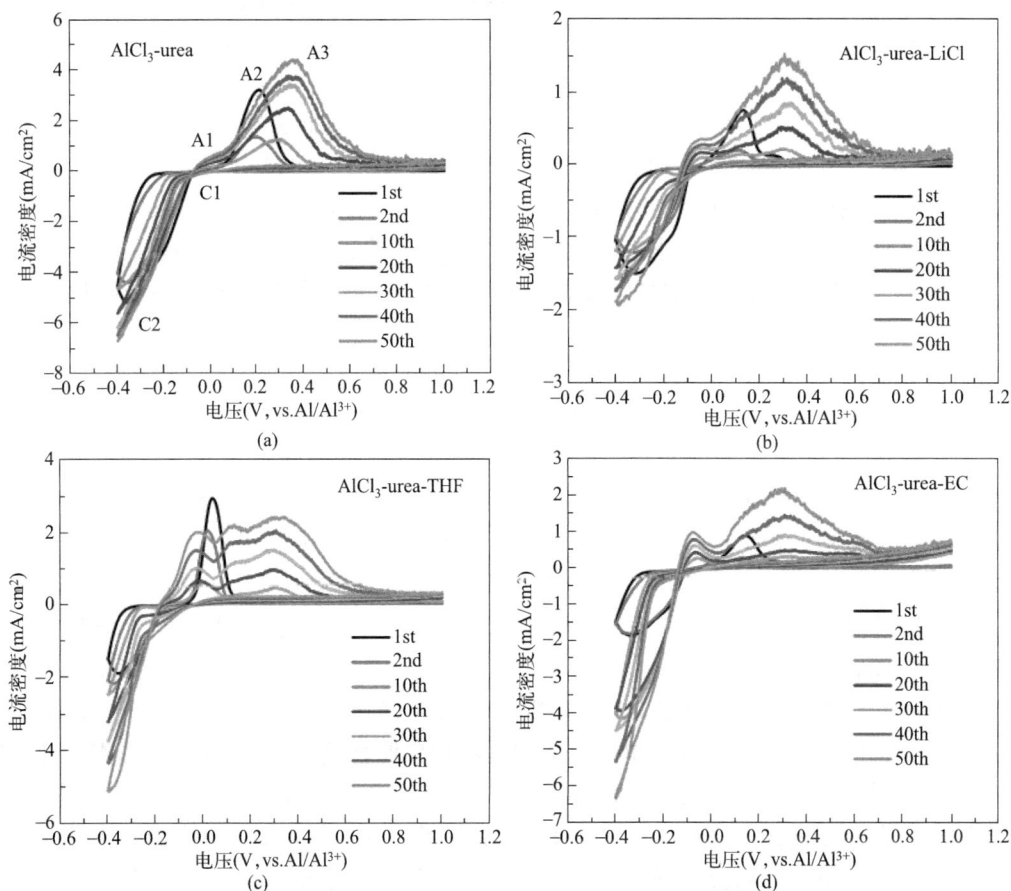

图 4-14　含不同添加剂的氯化铝-尿素中铝电极上连续循环伏安曲线，扫描速率为 50mV/s

4. 电解液添加剂对铝-铝电池循环稳定性的影响

从前述分析可知，金属铝负极上会出现枝晶结构，并且铝电极的沉积/溶解过程会影响其表观形貌，这会影响金属铝负极在可充铝电池中的电化学稳定性，尤其是在较高速率时运行。

为了探索金属铝负极在长期循环过程中的电化学稳定性，借鉴了文献中对金属铝负极的测试方法[121,123,163]，使用正负极均为金属铝组装而成的对称铝-铝电池，电解液为含不同添加剂的 3 种氯化铝基电解液（$AlCl_3$-EMImCl/acetamide/urea，$r=1.3$），并测量了电池在高电流密度 4C（$1.3mA/cm^2$）长期循环的电压特征曲线，结果如图 4-15、图 4-16、图 4-17 所示。对于 $AlCl_3$-EMImCl 电解液，初始阶段电压较大，约为 0.5V，随着电池继续充放电，电压逐渐减小至 0.25V 并且稳定地运行。但是当电池运行 76h（152 个循环）后观察到电池的电压突然下降至零，然后电压又迅速变回 0.25V，电池继续稳定地运行直至 500 圈结束。这种现象在 $AlCl_3$-urea 电解液中更加明显：初始电压稳定在 1V 左右，当运行到 30h（60 圈），电压降低至 0.5V，随后电池电压又逐渐增加至 0.8V。随着电池继续运行，在 70h（140 圈循环）时又出现与上述相似的行为，即电池电压先减小再逐渐增大，直至循环 140h 后，电压急剧减小，甚至接近于零。这种现象重复出现，并且随着循环进行，电压维持在零附近的时间越长。对应 $AlCl_3$-acetamide 电解液的 Al-Al 电池的电压特征曲线中，虽没有像上述两个电解液体系的曲线严重波动或者电压接近零的现象，但是在整个 500 圈循环中电压始终波动。从含不同添加剂的电解液组装成的铝-铝电池的电压特征曲线可知：在初始阶段，含添加剂 LiCl/THF/EC 的 Al-Al 电池电压要大于空白电池的电压，随后电压减小至一个稳定值，并且运行 500 圈也没有出现短路。在 500 次循环内，向 $AlCl_3$-acetamide 中加入添加剂 LiCl/THF/EC 后，Al-Al 电池电压一直保持稳定。与空白 $AlCl_3$-urea 电解液的短循环能力相比，通过向 $AlCl_3$-urea 电解液中加入添加剂可以在一定程度上抑制内部短路，但是电压增加且曲线在 500 个循环中仍有明显的波动。对比含 3 种添加剂的体系的电压曲线发现，添加剂 EC 使 Al-Al 电池的电压稍微高于其他两个添加剂。

对称铝-铝电池在高电流密度（4C）循环 500 圈后的原始状态可用铝-隔膜-铝的 EDS 来表征，如图 4-18 所示。初始循环过程中发生金属铝电化学溶解的电极定义为正极，对应地发生铝还原过程的电极为负极。图 4-18 中 EDS 为不同氯化铝基电解液组装成 Al-Al 电池的关于元素 Al 的能谱图。观察图中元素铝的分布可知，循环后的 Al｜1.3$AlCl_3$-EMImCl｜Al 电池的铝电极表面明显有元素铝的存在，且在隔膜中也存在元素铝。这种现象在 Al｜$AlCl_3$-urea｜Al 电池中更加明显：铝电极表面和隔膜中分布元素铝的区域更大。这意味着循环后的铝电极表面存在明显的块状或针状的铝枝晶结构，且在隔膜中存在"死铝"。循环后的 Al｜$AlCl_3$-urea｜Al 电池的铝电极上存在更多尺寸较大的金属铝枝晶，并且隔膜中的"死铝"更加明显，尺寸和数量均比 $AlCl_3$-EMImCl 体系更严重。这验证了上述 Al｜$AlCl_3$-urea｜Al 电池的电压波动和短路现象明显比 Al｜1.3$AlCl_3$-EMImCl｜Al 电池的严重得多。正如预料的，在循环后的 Al｜1.3$AlCl_3$-acetamide｜Al 电池电极表面和隔膜中也存在元素铝，这对应铝枝晶和"死铝"的存在。但是铝电极表面的枝晶没有另外两个体系的严重，且隔膜中存在的"死铝"也不明显。电解液组分对铝-铝电池中铝电极表面的影响与上述镀层形貌的影响一致。从铝-铝电池横截面的 SEM 中观察到了在铝电

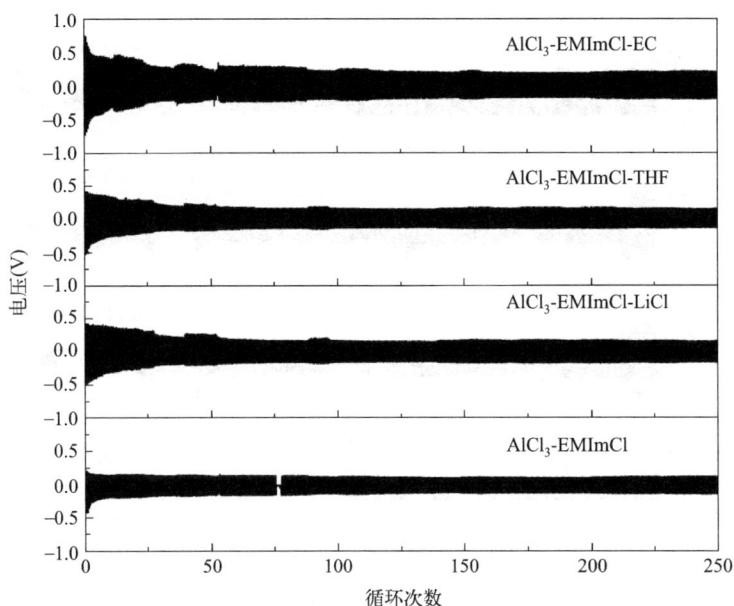

图 4-15　含不同添加剂的氯化铝-氯化 1-乙基-3-甲基咪唑电解液
组装的铝-铝电池在高倍率 4C 下的恒电流循环曲线

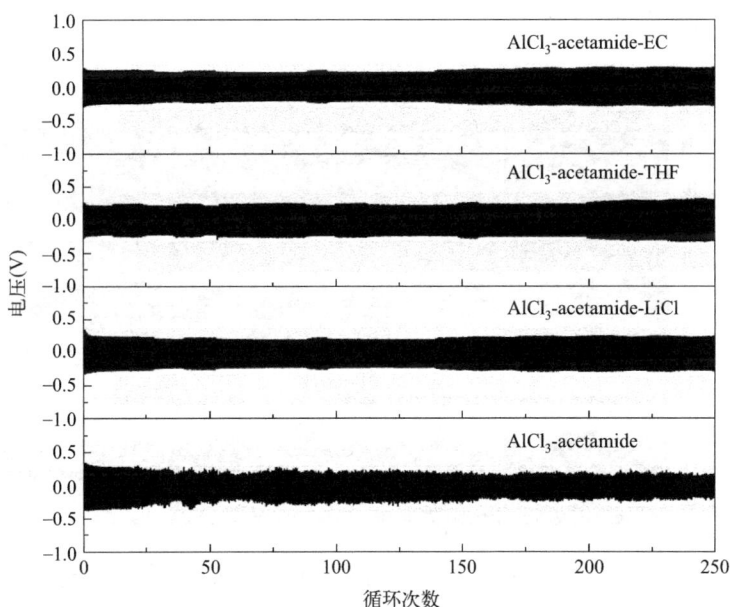

图 4-16　含不同添加剂的氯化铝-乙酰胺电解液组装的铝-铝电池在高倍率 4C 下的恒电流循环曲线

极表面的枝晶结构的原始形貌，这也是首次在隔膜中观察到了"死铝"。当向 AlCl₃-
EMImCl 和 AlCl₃-urea 电解液中加入 LiCl、THF 和 EC 添加剂后，Al-Al 电池经长期循
环后，正负极表面的枝晶结构明显减小，且隔膜中已经不存在"死铝"。当有添加剂存在
时，对应 AlCl₃-acetamide 电解液的对称电池正负极表面的枝晶结构基本完全消失，且隔
膜中观察不到"死铝"的存在。这表明，添加剂能够有效地抑制金属铝电极上枝晶的生

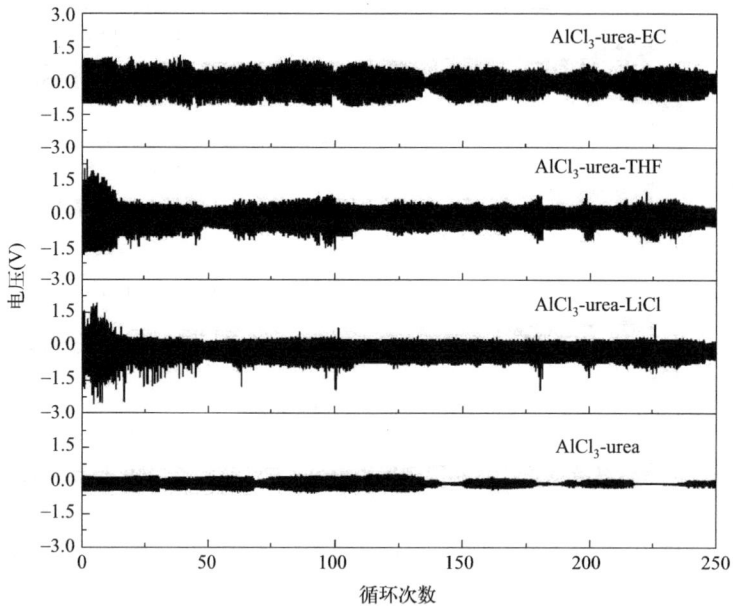

图 4-17　含不同添加剂的氯化铝-尿素电解液组装的铝-铝电池在高倍率 4C 下的恒电流循环曲线

长，从而提高了铝负极在高倍率时的循环稳定性能。这与上述电化学测试结果以及添加剂对铝基底上镀层形貌的影响规律一致。

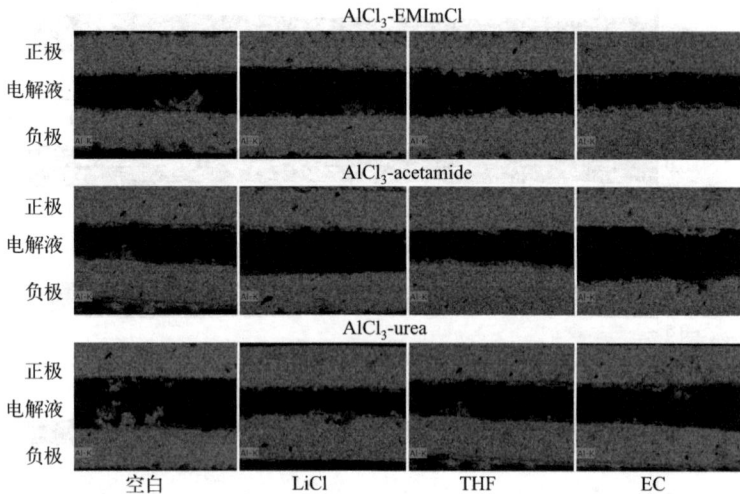

图 4-18　不同氯化铝基电解液组装的对称铝-铝电池在高速率 4C 下的长期循环后横截面的 EDS 能谱图

　　可充铝电池中铝枝晶和"死铝"会严重影响电池的电化学性能，这会限制铝电池的进一步研究和发展。因此，如何抑制铝枝晶和"死铝"的形成是提高铝电池电化学性能的一个关键步骤。上述研究表明，添加剂不仅可以改善电解液的物理化学性质，而且在一定程度上抑制了铝电极表面枝晶的生成。这为发展高性能、长循环寿命的可充铝电池提供了一个新的研究方向。但是，铝电池正极在含添加剂的电解液中电化学反应机理是否改变尚未明确，因此有必要进一步研究电解液添加剂对正极的电化学反应（或铝-石墨型电池）的影响，以确定可以作为可充铝电池的合适电解液添加剂。

4.4.2　电解液添加剂对铝-石墨型电池性能的影响

由添加剂（LiCl、EC 和 THF）对氯化铝基电解液中铝电极上金属铝的沉积/溶解以及对称铝-铝电池长期循环稳定性的影响可知，添加剂 LiCl 和 THF 对铝电池金属铝负极电化学性能的影响要优于 EC。此外，加入 EC 后，氯化铝基电解液的黏度增加，电导率降低也限制了其进一步应用。因此，我们对 LiCl 和 THF 添加剂进行了进一步的研究。以金属铝为负极，商业石墨纸（GP）为正极组装成软包电池进行恒电流充放电测试，以评估添加剂 LiCl 和 THF 对铝-石墨型电池的电化学性能的影响。对应 3 种氯化铝基电解液（$AlCl_3$-EMImCl/acetamide/urea，$r=1.3$）的铝-石墨纸电池的电化学性能如图 4-19～图 4-21 所示。

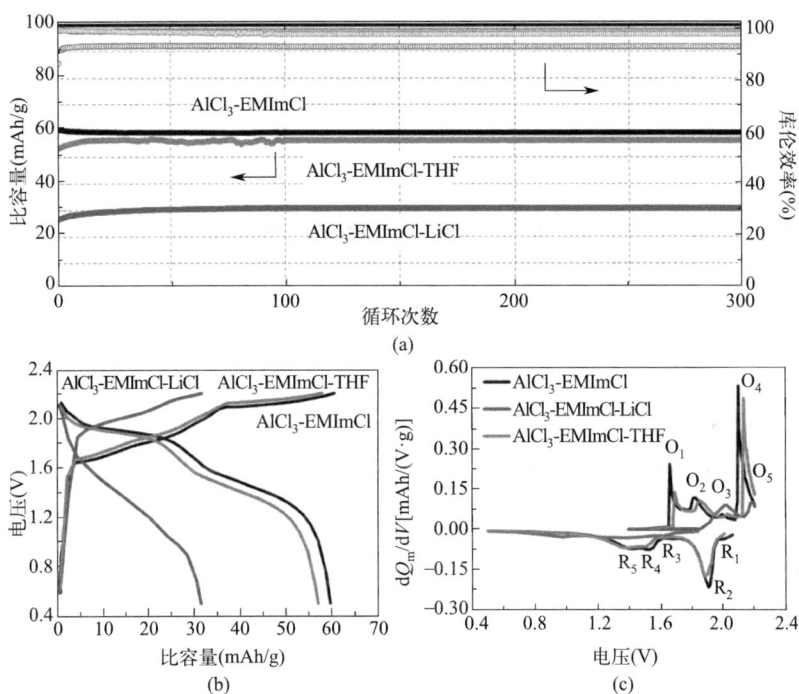

图 4-19　用不同氯化铝-氯化 1-乙基-3 甲基咪唑电解液的铝-石墨型电池在高倍率 4C 下的电化学性能
(a) 循环稳定性；(b) 充放电曲线；(c) 微分电容曲线

图 4-19（a）为 $AlCl_3$-EMImCl 电解液中添加 LiCl 和 THF 前后 Al-GP 电池在 4C 高倍率时的循环稳定性。从图 4-19(a)可知，在 300 次循环过程中，$AlCl_3$-EMImCl 电解液组装电池的放电比容量始终维持在 60mAh/g，库伦效率达 94%。当向 $AlCl_3$-EMImCl 电解液中加入 LiCl/THF 后，Al-GP 电池的库伦效率显著提高，接近 100%。但是 Al｜1.3$AlCl_3$-EMImCl-THF｜GP 电池的放电比容量降低为 55mAh/g，Al｜1.3$AlCl_3$-EMImCl-LiCl｜GP 电池的放电比容量下降更明显，约 30mAh/g，只有 Al｜1.3$AlCl_3$-EMImCl｜GP 电池的放电比容量的一半。从 Al-GP 电池的充放电曲线（图 4-19b）可知，向 $AlCl_3$-EMImCl 电解液中加入 THF 后，Al-GP 电池的充放电行为没有发生变化，即仍

然保持两个明显的充电过程（1.60～2.05V 和 2.05～2.20V）和两个明显的放电过程（2.0～1.8V 和 1.8～1.2V）。对于 AlCl$_3$-EMImCl-LiCl 电解液，第一个充电过程的起始电位从 1.6V 增大为 1.8V，第二个充电过程几乎消失，放电电压曲线中没有明显的放电平台。电池比容量的降低也可以通过微分电容曲线来解释（图 4-19c）。峰 O$_1$～O$_5$ 和 R$_1$～R$_5$ 对应于在充电/放电过程中［AlCl$_4$］$^-$ 离子在石墨层之间的不同阶段的嵌入/脱嵌过程[38]。对于 AlCl$_3$-EMImCl-THF 电解液，峰的强度略有降低。在 AlCl$_3$-EMImCl-LiCl 体系中，峰强度和数量明显降低。上述结果表明氯铝酸根离子的嵌入能力减弱，从而导致比容量降低。这是因为电解液中的 Li$^+$ 离子与［AlCl$_4$］$^-$ 离子络合后，完全阻碍了［AlCl$_4$］$^-$ 离子在石墨层间的嵌入[197]。因此，在 Al｜1.3AlCl$_3$-EMImCl-LiCl｜GP 电池中［AlCl$_4$］$^-$ 离子在石墨层间的嵌入/脱嵌能力降低，导致该电解液体系能够提供的比容量显著降低。

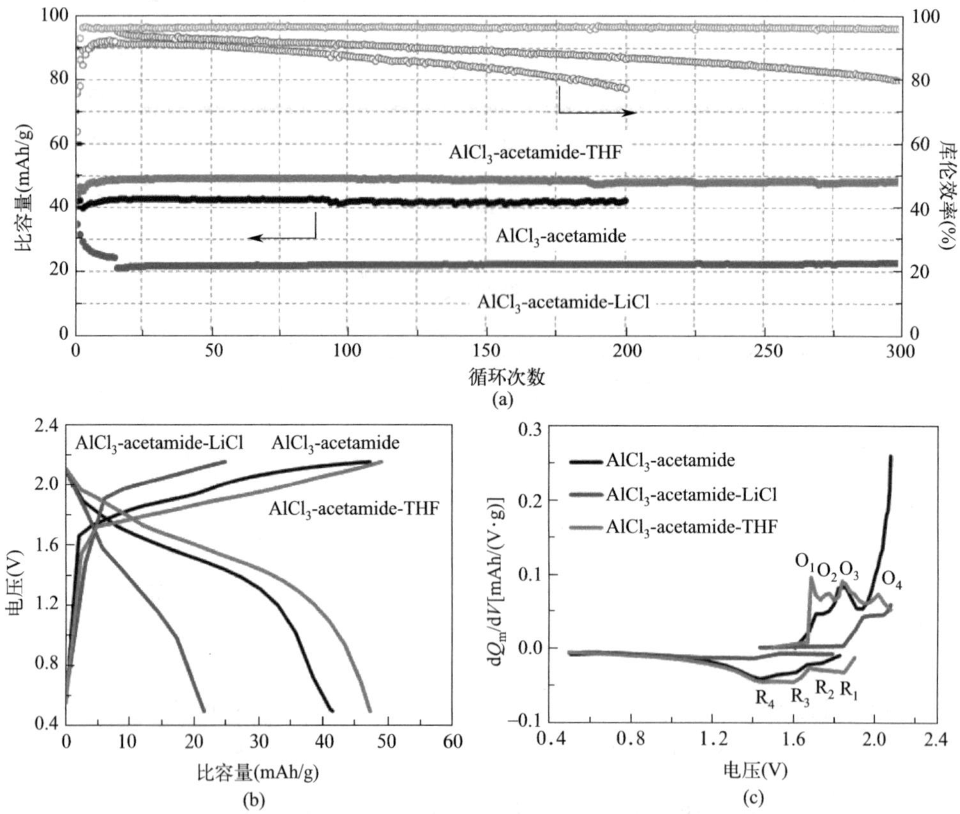

图 4-20　用不同氯化铝-乙酰胺电解液的铝-石墨型电池在高倍率 4C 下的电化学性能
(a) 循环稳定性；(b) 充放电曲线；(c) 微分电容曲线

在 AlCl$_3$-acetamide-LiCl 和 AlCl$_3$-urea-LiCl 电解液中观察到类似的现象，添加剂 LiCl 显著提高了 Al-GP 电池的库伦效率和循环稳定性，但是 Al-GP 电池的放电比容量较电解液中加入 LiCl 之前减少了一半（图 4-20a 和图 4-21a）。因此，LiCl 作为电解液添加剂并不理想。此外，当有 THF 电解液添加剂存在的情况下，Al-GP 电池可以稳定运行 300 次，并且库伦效率提高到 98%。从图 4-21(c) 可知，当向 AlCl$_3$-acetamide 电解液中加入

THF 后，微分容量曲线中峰的强度增大，这表明 $[AlCl_4]^-$ 络合离子在石墨层间的嵌入/脱嵌能力明显增强，并且嵌入过程 O_4 中的副反应被有效地抑制，从而使得 Al｜1.3AlCl$_3$-acetamide-THF｜GP 电池提供较高的放电比容量、优异的循环稳定性和高库伦效率。Al｜1.3AlCl$_3$-acetamide-THF｜GP 电池的放电比容量从 42mAh/g 增大到 50mAh/g，Al｜1.3AlCl$_3$-urea-THF｜GP 的放电比容量几乎没有变化。

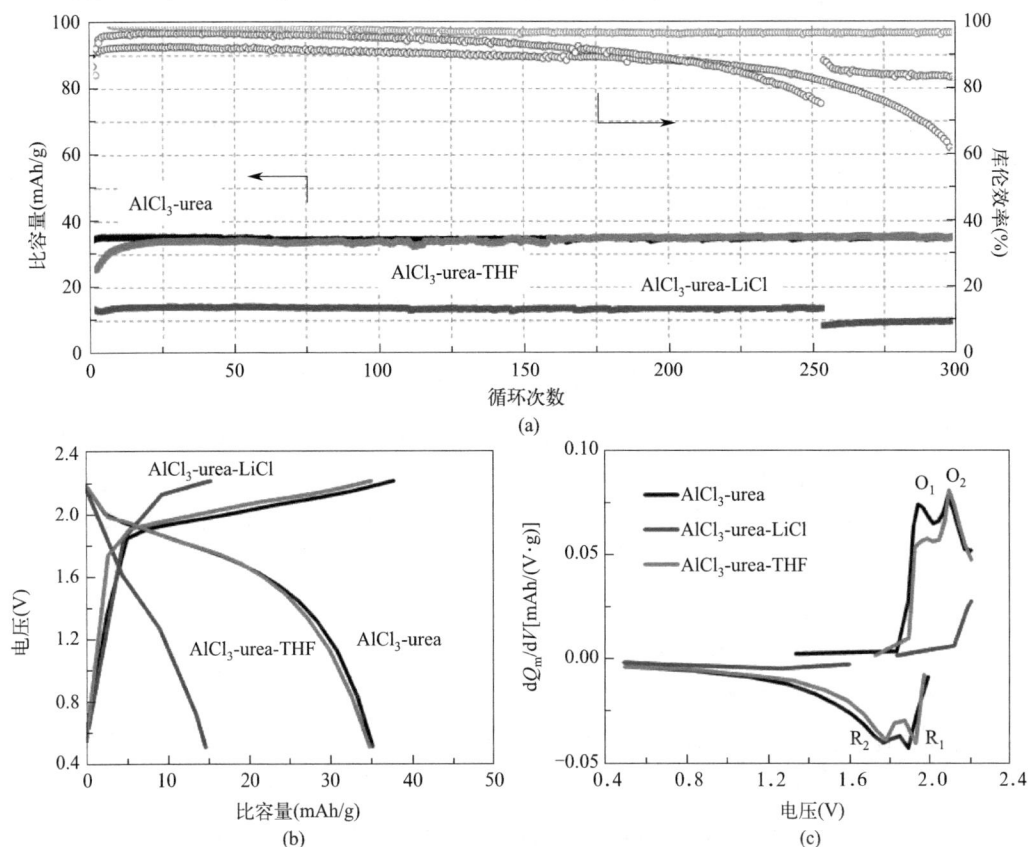

图 4-21　用不同氯化铝-尿素电解液的铝-石墨型电池在高倍率下 4C 的电化学性能
（a）循环稳定性；（b）充放电曲线；（c）微分电容曲线

　　结合添加剂对氯化铝基电解液的物理化学性质、金属铝负极电化学行为、铝-石墨型电池的影响可得，碱金属卤化物和有机物添加剂在一定程度上提高了氯化铝基电解液的电导率以及抑制了金属铝负极上枝晶和"死铝"的形成，但是它们对铝基电池性能的影响存在明显的差异。

　　碱金属卤化物不但可以改善氯化铝基室温熔盐的物理化学性质，还能够提高铝负极的循环稳定性，同时金属阳离子可参与正极电化学反应，可以作为以锂电或钠电的正极材料为正极、铝为负极的混合电池的电解液添加剂。

　　有机物添加剂显著地提高了以氯化铝基体系为电解液的铝-石墨型电池的库伦效率，且几乎不影响电池的比容量，尤其在以 AlCl$_3$-酰胺体系为电解液的铝电池中表现出卓越的性能，甚至提高了以 AlCl$_3$-acetamide 为电解液的铝-石墨型电池比容量。因此，可以通过调整添加剂成分，比如添加剂含量的优化、二元/三元添加剂或含杂环结构的有机物，进一步提高铝-石墨型电池的性能。

4.5 铝-磷酸铁锂型电池

上述研究结果表明，当氯化铝基电解液含碱金属氯化物（氯化锂）时，$[AlCl_4]^-$ 络合离子在石墨型正极上嵌入/脱嵌能力明显下降，从而导致铝-石墨型电池提供的能量降低。电解液中未与 $[AlCl_4]^-$ 离子配位的 Li^+ 使我们考虑锂离子电池正极的概念。Brown 和 Choi 已经开发了 $AlCl_3$-EMImCl-LiAlCl$_4$/LiCl 为电解液的新型铝电池[201,202]。因此，我们探索一种以含氯化锂的氯化铝基室温熔盐为电解液、金属铝为负极和磷酸铁锂或钴酸锂为正极的新型混合电池。以磷酸铁锂（LiFePO$_4$，LFP）为例，新型混合电池 Al-LFP 的正负极反应原理为反应（4-2）和反应（4-3）。

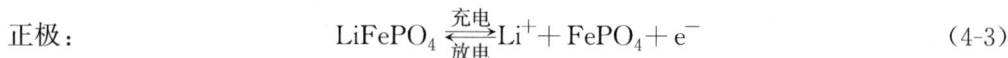

负极：

$$4[Al_2Cl_7]^- + 3e^- \underset{放电}{\overset{充电}{\rightleftharpoons}} Al_{(s)} + 7[AlCl_4]^- \qquad (4-2)$$

正极：

$$LiFePO_4 \underset{放电}{\overset{充电}{\rightleftharpoons}} Li^+ + FePO_4 + e^- \qquad (4-3)$$

从经济性和电解液添加剂对铝负极电化学性能研究考虑，选择 $AlCl_3$-acetamide-LiCl 体系作为新型 Al-LFP 电池的电解液。该电池要求：（1）铝负极上能够发生可逆的金属铝的沉积/溶解，即电解液中含电活性物质 $[Al_2Cl_7]^-$ 离子；（2）$[AlCl_4]^-$ 络合离子不能在石墨类材料中嵌入，即电解液中 $[AlCl_4]^-$ 离子完全被 Li^+ 配位；（3）Li^+ 在正极上可逆地嵌入/脱嵌，即电解液仍含未配位的 Li^+。首先，我们探索了不同组分含量的 $AlCl_3$-acetamide-LiCl 电解液 A-I。各组分的摩尔比及其在室温时的状态见表 4-6。体系 A~F 始终为清澈、透明、均匀的液体。静置 24h 后，体系 H~K 液体中有大量的透明晶体析出，且随着氯化铝含量增多，氯化锂含量增多，固体析出量增多。静置 72h 后，体系 G 液体中有少量的透明晶体析出。

不同 $AlCl_3$-acetamide-LiCl 电解液的组分摩尔比及其在室温时的状态　　　表 4-6

体系	组分含量（摩尔比）			室温下状态
	AlCl$_3$	acetamide	LiCl	
A	1.5	1	0	清澈、透明、均匀的液体
B	1.6	1	0.1	
C	1.7	1	0.2	
D	1.8	1	0.3	
E	1.9	1	0.4	
F	2.0	1	0.5	
G	2.1	1	0.6	静置 72h 后有少量透明晶体析出
H	2.2	1	0.7	静置 24h 后有大量透明晶体析出
I	2.3	1	0.8	
G	2.4	1	0.9	
K	2.5	1	1.0	

为了表征液体中络合物组分，测试了 A～I 液体部分的拉曼光谱以及 H、I 体系中析出固体相（H′和 I′）的拉曼图谱，其结果如图 4-22 所示。计算了对应 $[Al_2Cl_7]^-$ 与 $[AlCl_4]^-$ 络合物的峰积分面积之比（称为 I_{310}/I_{347}），结果见表 4-7。随着氯化铝和氯化锂含量增多，I_{310}/I_{347} 减小，这意味着液体中 $[Al_2Cl_7]^-$ 络合离子含量相对减小，这是因为随着氯化铝和氯化锂含量同时增大，体系中路易斯酸物质（氯化铝）与路易斯碱物质（乙酰胺和氯化锂）的比值减小。但是，体系中 $[Al_2Cl_7]^-$ 络合离子的含量足够发生金属铝的沉积/溶解反应。高摩尔比组分的体系中析出固体相的 I_{310}/I_{347} 为 0，这意味着固体相组成中阴离子为 $[AlCl_4]^-$ 离子，因此我们推测析出的固体的物相有可能为 $LiAlCl_4$。值得注意的是，体系 G、H 和 I 的 I_{310}/I_{347} 比较接近，我们认为此时的液体达到一个"饱和"状态。

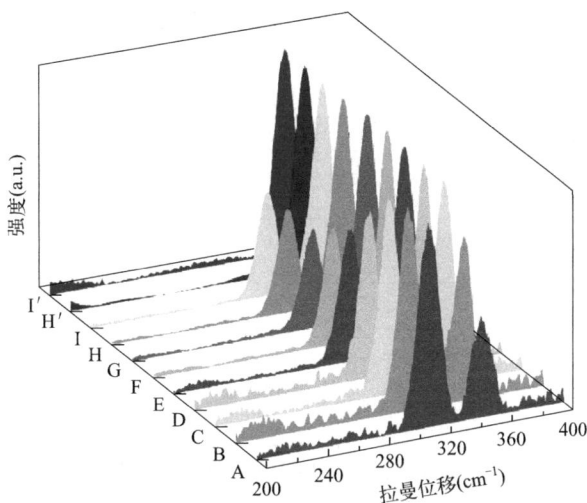

图 4-22 不同摩尔比的 AlCl$_3$-acetamide-LiCl 体系的拉曼光谱

不同摩尔比的氯化铝基电解液的峰面积比（I_{310}/I_{347}）　　表 4-7

体系	组分含量（摩尔比）			I_{310}/I_{347}
	AlCl$_3$	acetamide	LiCl	
A	1.5	1	0	1.844
B	1.6	1	0.1	1.241
C	1.7	1	0.2	0.982
D	1.8	1	0.3	0.806
E	1.9	1	0.4	0.643
F	2.0	1	0.5	0.568
G	2.1	1	0.6	0.480
H	2.2	1	0.7	0.509
I	2.3	1	0.8	0.511
H′	2.2	1	0.7	0
I′	2.3	1	0.8	0

电解液 A～F 在铝工作电极上的循环伏安曲线如图 4-23 所示。所有研究体系均表现出典型的金属铝的沉积/溶解过程的还原氧化峰。循环伏安曲线中的氧化还原峰电位（E_c 和 E_a）、氧化还原峰电流密度（j_c 和 j_a）列于表 4-8 中。从表 4-8 可知，随着氯化铝和氯化锂含量增多，还原峰电位向正方向移动，氧化峰电位向负方向移动，这表明电化学反应的可逆性是变好的。但是，氧化还原峰电流值是呈现先增大后减小的规律，体系 AlCl$_3$-acetamide-LiCl（摩尔比 1.7：1：0.2）的氧化还原峰电流最大。随着氯化锂含量的增大，体系中游离的 Li$^+$ 含量增多，且从拉曼光谱分析可知，液体中的 [AlCl$_4$]$^-$ 络合物含量增多，使得体系的电导率增大，从而导致电化学反应的可逆性增强。此外，液体中电化学活性物质 [Al$_2$Cl$_7$]$^-$ 络合物的含量减少。因此，氧化还原峰电流值呈现先增大后减小的现象是由电解液的电导率增大和活性物质含量减小两个因素共同决定的。基于上述研究，构建了 Al | 1.7AlCl$_3$-acetamide-0.2LiCl | LFP 新型电池。

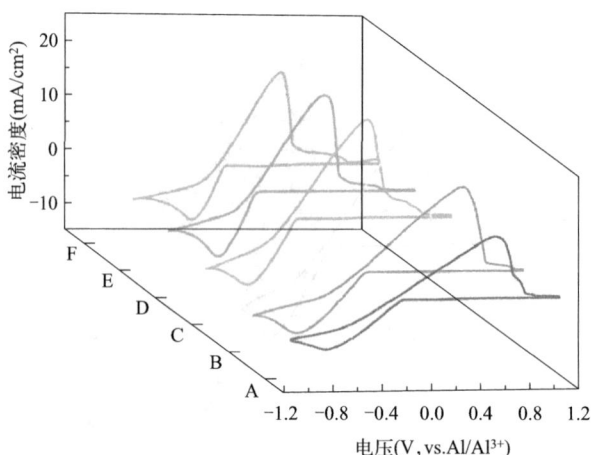

图 4-23　室温下体系 A～F 液体在铝电极上的循环伏安曲线，扫描速率 10mV/s

氧化还原峰电位（E_c 和 E_a）与氧化还原峰电流密度（j_c 和 j_a）　　表 4-8

体系	E_c(V)	j_c(mA/cm^2)	E_a(V)	j_a(mA/cm^2)
A	−0.71	−9.50	0.68	11.47
B	−0.65	−11.41	0.67	15.69
C	−0.56	−17.18	0.63	23.91
D	−0.46	−12.47	0.51	18.10
E	−0.40	−12.30	0.45	17.69
F	−0.32	−10.49	0.39	17.12

图 4-24(a) 为不同氯化锂含量的 AlCl$_3$-acetamide 电解液组装而成的 Al-CP 电池的循环伏安曲线。从图 4-24(a) 可以看出，当电解液中不含氯化锂时，碳纸电极在 1.5AlCl$_3$-acetamide 电解液中的循环伏安曲线表现出明显的 [AlCl$_4$]$^-$ 离子的嵌入/脱嵌过程，而在 1.7AlCl$_3$-acetamide-0.15LiCl 电解液中，氧化还原峰显著减小，当继续增大氯化锂含量，AlCl$_3$-acetamide-LiCl（摩尔比 1.7：1：0.2）电解液的循环伏安曲线中几乎没有氧化还原

电流，这表明 Li^+ 有效地抑制了 $[AlCl_4]^-$ 离子在 CP 正极上的嵌入/脱嵌反应。随后，我们测试了以 Super-P 和 LFP@Super-P 为正极，铝为负极，$AlCl_3$-acetamide-LiCl（摩尔比 1.7：1：0.2）电解液组装而成的软包电池的电化学行为，结果如图 4-24(b) 所示。Super-P 的循环伏安曲线中没有明显的氧化还原电流，LFP 电极的循环伏安曲线中出现了明显的氧化还原峰，这应该与活性物质 LFP 的电化学反应有关。对 Al｜1.7AlCl$_3$-acetamide-0.2LiCl｜LFP 电池以 0.1C（以 LFP 的理论比容量计算）进行恒电流充放电测试。在首次充电过程中，当充电电压达到 2.1V 以上时，发现电池电压上升缓慢，因此直接将电池放电，完全放电后 Al-LFP 电池的放电比容量可达到约 150mAh/g（图 4-24c），因此进一步确定了 Al-LFP 电池充放电截止电位为 0.1～2.1V，在图 4-24(b) 中位于 1.75V 的氧化峰及位于 1.15V 的还原峰分别对应 LFP 在充放电过程中的氧化、还原过程。如图 4-24(d) 所示，$AlCl_3$-acetamide-LiCl（摩尔比 1.7：1：0.2）电解液在 0.1C 和 0.2C 倍率时呈现的放电比容量分别为 152mAh/g 和 120mAh/g。

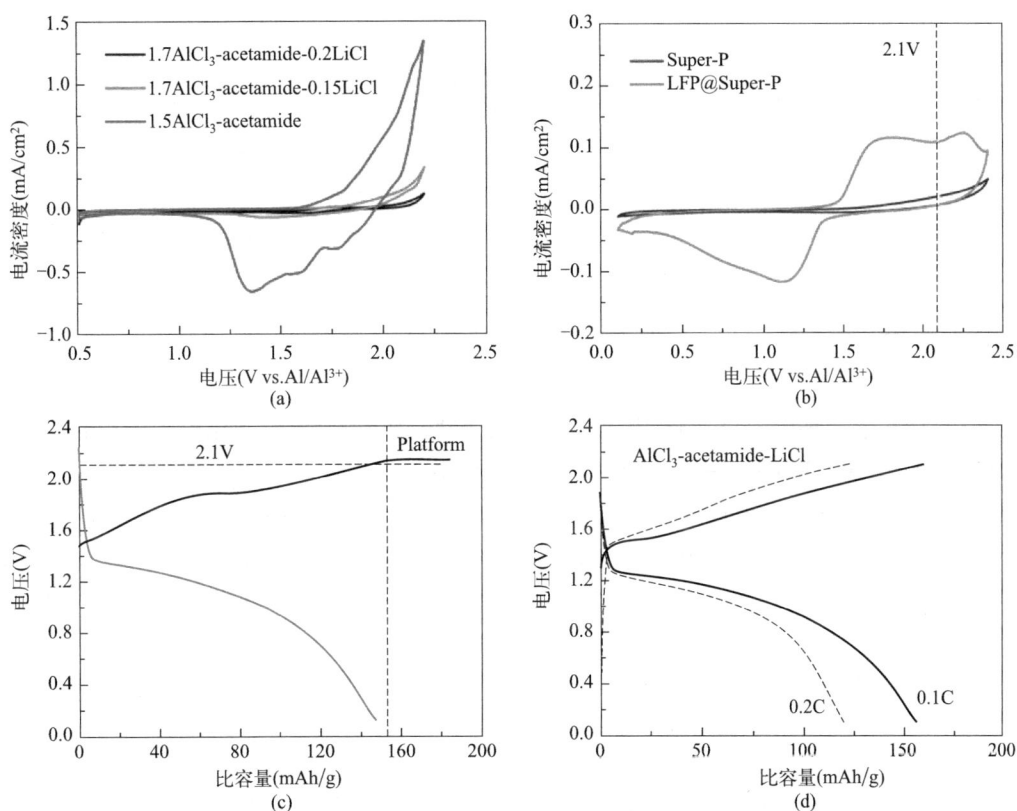

图 4-24 以 $AlCl_3$-acetamide-LiCl 为电解液的铝电池的电化学性能

(a) 不同电解液的铝-碳纸电池的循环伏安曲线，扫描速率为 0.1mV/s；(b) Al-LFP 电池的循环伏安曲线，扫描速率为 0.1mV/s；(c) Al-LFP 电池在 0.1C 倍率下首次充放电曲线；
(d) 以 1.7AlCl$_3$-EMImCl/acetamide-0.2LiCl 为电解液的 Al-LFP 电池的充放电曲线

图 4-25(a) 显示了新型 Al-LFP 电池的电化学性能。当电流密度为 0.1C 时，循环五次后，可逆的放电比容量逐渐减小至 148mAh/g。当电流继续增大至 0.2C 时，充放电比

容量分别降低到 126mAh/g 和 123mAh/g。当电流密度进一步增大到 0.5C、1C 和 2C 时，可逆的放电比容量分别降低至 78mAh/g、60mAh/g 和 27mAh/g。然而，一旦电流密度再降低至 0.1C，放电比容量恢复至一个较高的值 150mAh/g。图 4-25(b)为另外一个新的 Al-LFP 电池在 0.1C 时的循环稳定性。与图 4-25(a)结果一致，在开始的数次循环中，放电比容量逐渐衰减，随后能够逐渐稳定，并且在循环 50 次后，电池的放电比容量稳定在 145mAh/g 左右。

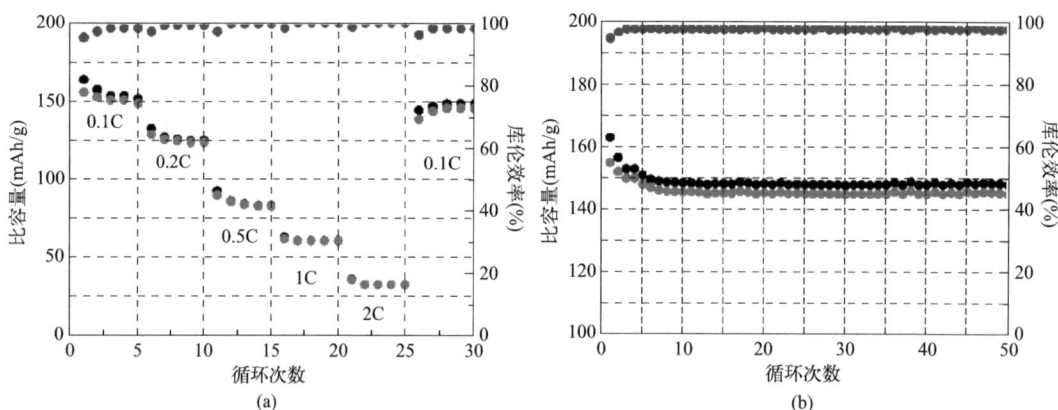

图 4-25　Al-LFP 电池的电化学性能

（a）Al-LFP 电池在不同电流速率时充放电比容量和库伦效率；（b）Al-LFP 电池在 0.1C 速率时的循环性能

4.6　结论

（1）考察了 3 种电解液氯化铝-氯化咪唑/乙酰胺/尿素对铝-石墨型电池的电化学性能的影响。$AlCl_3$-EMImCl 体系作为电解液的铝-石墨型电池电化学性能要比 $AlCl_3$-Amide 电解液优异。在电流密度为 100mA/g 时 $AlCl_3$-EMImCl 体系提供的能量密度为 105.8Wh/kg，$AlCl_3$-Amide 电解液贡献的能量密度约 85Wh/kg。但是，$AlCl_3$-Amide 体系具有相对较高的单价能量密度[约 288Wh/(kg·CNY)]，是 $AlCl_3$-EMImCl 体系的 5～6 倍。

（2）在以氯化铝基室温熔盐（氯化铝-氯化咪唑/乙酰胺/尿素）为电解液的铝电池负极上观察到了原始的铝枝晶形貌，且首次在隔膜中观察到了"死铝"，进一步提出了铝负极上枝晶和"死铝"的形成过程。

（3）所选添加剂能够有效地抑制电池铝负极上铝枝晶的生长和消除隔膜中"死铝"。当有添加剂存在时，铝-石墨型电池的库伦效率显著提高。有机物更适合作为电解液添加剂应用于高性能铝-石墨型电池，尤其是 $AlCl_3$-acetamide 电解液。

（4）探索了一种以 $AlCl_3$-acetamide-LiCl（摩尔比 1.7∶1∶0.2）体系为电解液的铝-磷酸铁锂新型混合电池。它表现出较好的电化学性能：在 0.1C 充放电速率时放电比容量可达到约 150mAh/g，且库伦效率高达 98%。

参 考 文 献

[1] PAN H, HU Y S, CHEN L. Room-temperature stationary sodium-ion batteries for large-scale electric energy storage [J]. Energy & environmental science, 2013, 6 (8): 2338-2360.

[2] XIANG X D, ZHANG K, CHEN J. Recent advances and prospects of cathode materials for sodium-ion batteries [J]. Advanced materials, 2018, 27 (36): 5343-5364.

[3] GREY C P, TARASCON J M. Sustainability and in situ monitoring in battery development [J]. Nature materials, 2017, 16: 45-56.

[4] ARMAND M, TARASCON J M. Building better batteries [J]. Nature, 2008, 451: 652-657.

[5] TARASCON J M, ARMAND M. Issues and challenges facing rechargeable lithium batteries [J]. Nature, 2001, 55: 359-367.

[6] HWANG J Y, MYUNG S T, SUN Y K. Sodium-ion batteries: present and future [J]. Chemical society reviews, 2017, 46: 3529-3614.

[7] CHEN J, CHENG F. Combination of lightweight elements and nanostructured materials for batteries [J]. Accounts of chemical research, 2009, 42 (6): 713-723.

[8] WU H Y, ZHANG X, WU Q H, et al. Confined growth of 2D MoS_2 nanosheets in N-doped pearl necklace-like structured carbon nanofibers with boosted lithium and sodium storage performance [J]. Chemical communications, 2020, 56 (1): 141-144.

[9] MAO Y, DUAN H, XU B, et al. Lithium storage in nitrogen-rich mesoporous carbon materials [J]. Energy & environmental science, 2012, 5 (7): 7950-7955.

[10] WHITTINGHAM M S. Lithium batteries and cathode materials [J]. Chemical reviews, 2004, 35 (50): 4271-4301.

[11] QI H L, ZHAO L N, ASIF M, et al. SnO_2 nanoparticles anchored on carbon foam as a freestanding anode for high performance potassium-ion batteries [J]. Energy & environmental science, 2020, 13 (2): 571-578.

[12] LIANG K, LI M, HAO Y, et al. Reduced graphene oxide with 3D interconnected hollow channel architecture as high-performance anode for Li/Na/K-ion batteries [J]. Chemical engineering journal, 2020, 394: 124956.

[13] GE J M, WANG B, WANG J, et al. Nature of $FeSe_2$/N-C anode for high performance potassium ion hybrid apacitor [J]. Advanced energy materials, 2020, 10 (4): 1903277.

[14] LIU Z, WANG J, LU B. Plum pudding model inspired $KVPO_4F$@3DC as high-voltage and hyper-stable cathode for potassium ion batteries [J]. Science bulletin, 2020, 65 (15): 1242-1251.

[15] GUO Z Q, ZHAO S Q, LI T X, et al. Recent advances in rechargeable magnesium-based batteries for high-efficiency energy storage [J]. Advanced energy materials, 2020, 10: 1903591.

[16] XU M, LEI S L, QI J, et al. Opening magnesium storage capability of two-dimensional MXene by intercalation of cationic surfactant [J]. ACS nano, 2018, 12 (4): 3733-3740.

[17] PARK J, XU Z L, YOON G, et al. Calcium-ion batteries: stable and high-power calcium-ion batteries enabled by calcium intercalation into graphite [J]. Advanced materials, 2020, 32 (4): 2070029.

[18] GUMMOW R J, VAMVOUNIS G, KANNAN M B, et al. Calcium-ion batteries: current state-of-the-art and future perspectives [J]. Advanced materials, 2018, 30 (39): 1801702.

[19] RU Y，ZHENG S S，XUE H G，et al. Potassium cobalt hexacyanoferrate nanocubic assemblies for high-performance aqueous aluminum ion batteries [J]. Chemical engineering journal，2020，382：122853.

[20] HUO X G，WANG X X，LI Z Y，et al. Two-dimensional composite of D-Ti$_3$C$_2$T$_x$@S@TiO$_2$ (MXene) as the cathode material for aluminum-ion batteries [J]. Nanoscale，2020，12：3387-3399.

[21] KIM S W，SEO D H，MA X H，et al. Electrode materials for rechargeable sodium-ion batteries：potential alter-natives to current lithium-ion batteries [J]. Advanced energy materials，2012，2 (7)：710-721.

[22] LI C X，HOU C C，CHEN L Y，et al. Rechargeable Al-ion batteries [J]. EnergyChem，2021，3 (2)：100049.

[23] LI Q，BJERRUM N J. Aluminum as anode for energy storage and conversion：a review [J]. Journal of power sources，2002，110 (1)：1-10.

[24] HOLLECK G L. The reduction of chlorine on carbon in AlCl$_3$-KCl-NaCl melts [J]. Journal of the electrochemical society，1972，119 (9)：1158-1161.

[25] KOURA N. A preliminary investigation for an Al/AlCl$_3$-NaCl/FeS$_2$ secondary cell [J]. Journal of the electrochemical society，1980，127 (7)：1529-1531.

[26] TAKAMI N，KOURA N. Anodic sulfidation of FeS electrode in a NaCl saturated AlCl$_3$-NaCl melt [J]. Electrochimica acta，1988，33 (8)：1137-1142.

[27] DYMEK J C J，WILLIAMS J L，GROEGER D J. An aluminum acid-base concentration cell using room temperature chloroaluminate ionic liquids [J]. Journal of the electrochemical society，1984，131 (12)：2887-2892.

[28] GIFFORD P R，PALMISANO J B. An aluminum chlorine rechargeable cell employing a room temperature molten salt electrolyte [J]. Journal of the electrochemical society，1988，13593：650-654.

[29] JAYAPRAKASH N，DAS S K，ARCHER L A. The rechargeable aluminum-ion battery [J]. Chemical communications，2011，47 (47)：12610-12612.

[30] LIN M C，GONG M，LU B A，et al. An ultrafast rechargeable aluminium-ion battery [J]. Nature，2015，520 (7547)：324-328.

[31] WU Y P，GONG M，LIN M C，et al. 3D graphitic foams derived from chloroaluminate anion intercalation for ultrafast aluminum-ion battery [J]. Advanced materials，2016，28 (41)：9218-9222.

[32] COHN G，MA L，ARCHER L A. A novel non-aqueous aluminum sulfur battery [J]. Journal of power sources，2015，283：416-422.

[33] WANG S，YU Z J，TU J G，et al. A novel aluminum-ion battery：Al/AlCl$_3$-[EMIm]Cl/Ni$_3$S$_2$@graphene [J]. Advanced energy materials，2016，6 (13)：1600137.

[34] YU Z Y，KANG Z P，HU Z Q，et al. Hexagonal NiS nanobelts as advanced cathode materials for rechargeable Al-ion batteries [J]. Chemical communications，2016，52 (68)：10427-10430.

[35] HU Y X，YE D L，LUO B，et al. A binder-free and free-standing cobalt sulfide@carbon nanotube cathode material for aluminum-ion batteries [J]. Advanced materials，2018，30 (2)：1703824.

[36] VAHIDMOHAMMADI A，HADJIKHANI A，SHAHBAZMOHAMADI S，et al. Two-dimensional vanadium carbide (MXene) as a high-capacity cathode material for rechargeable aluminum batteries [J]. ACS nano，2017，11 (11)：11135-11144.

[37] CHEN H，XU H Y，WANG S Y，et al. Ultrafast all-climate aluminum-graphene battery with quarter-million cycle life [J]. Science advances，2017，3 (12)：eaao7233.

[38] YU X Z, WANG B, GONG D C, et al. Graphene nanoribbons on highly porous 3D graphene for high-capacity and ultrastable Al-ion batteries [J]. Advanced materials, 2017, 29 (4): 1604118.

[39] WANG S T, KRAVCHYK K V, KRUMEICH F, et al. Kish graphite flakes as a cathode material for an aluminum chloride-graphite battery [J]. ACS applied materials & interfaces, 2017, 9 (34): 28478-28485.

[40] LIU Z M, WANG J, DING H B, et al. Carbon nanoscrolls for aluminum battery [J]. ACS nano, 2018, 12 (8): 8456-8466.

[41] LIU Z M, WANG J, JIA X X, et al. Graphene armored with a crystal carbon shell for ultrahigh-performance potassium ion batteries and aluminum batteries [J]. ACS nano, 2019, 13 (9): 10631-10642.

[42] ZHANG E J, WANG J, WANG B, et al. Unzipped carbon nanotubes for aluminum battery [J]. Energy storage materials, 2019, 23: 72-78.

[43] KIM D J, YOO D J, OTLEY M T, et al. Rechargeable aluminium organic batteries [J]. Nature energy, 2019, 4: 51-59.

[44] LI C X, DONG S H, WANG P, et al. Metal-organic frameworks-derived tunnel structured $Co_3(PO_4)_2$@C as cathode for new generation high-performance Al-ion batteries [J]. Advanced energy materials, 2019, 9 (41): 1902352.

[45] RU Y, ZHENG S S, XUE H G, et al. Potassium cobalt hexacyanoferrate nanocubic assemblies for high-performance aqueous aluminum ion batteries [J]. Chemical engineering journal, 2020, 382: 122853.

[46] ZHAO Z C, HU Z Q, LI Q, et al. Designing two-dimensional WS_2 layered cathode for high-performance aluminum-ion batteries: From micro-assemblies to insertion mechanism [J]. Nano today, 2020, 32: 100870.

[47] HUANG X D, LIU Y, LIU C, et al. Rechargeable aluminum-selenium batteries with high capacity [J]. Chemical science, 2018, 9 (23): 5178-5182.

[48] CAI T H, ZHAO L M, HU H Y, et al. Stable $CoSe_2$/carbon nanodice@reduced graphene oxide composites for high-performance rechargeable aluminum-ion batteries [J]. Energy & environmental science, 2018, 11 (9): 2341-2347.

[49] JIAO H D, TIAN D H, LI S J, et al. Rechargeable Al-Te battery [J]. ACS applied energy materials, 2018, 1 (9): 4924-4930.

[50] SUN X G, FANG Y X, JIANG X G, et al. Polymer gel electrolytes for application in aluminum deposition and rechargeable aluminum ion batteries [J]. Chemical communications, 2016, 52 (2): 292-295.

[51] WANG H L, GU S C, BAI Y, et al. High-voltage and noncorrosive ionic liquid electrolyte used in rechargeable aluminum battery [J]. ACS applied materials & interfaces, 2016, 8 (41): 27444-27448.

[52] ANGELL M, PAN C J, RONG Y M, et al. High Coulombic efficiency aluminum-ion battery using an $AlCl_3$-urea ionic liquid analog electrolyte [J]. Proceedings of the national academy of sciences, 2017, 114 (5): 834-839.

[53] CANEVER N, BERTRAND N, NANN T. Acetamide: A low-cost alternative to alkyl imidazolium chlorides for aluminium-ion batteries [J]. Chemical communications, 2018, 54 (83): 11725-11728.

[54] XU H Y, BAI T W, CHEN H, et al. Low-cost $AlCl_3$/Et_3NHCl electrolyte for high-performance

aluminum-ion battery [J]. Energy storage materials, 2019, 17: 38-45.

[55] WANG J, ZHANG X, CHU W Q, et al. A sub-100 ℃ aluminum ion battery based on a ternary inorganic molten salt [J]. Chemical communications, 2019, 55 (15): 2138-2141.

[56] YANG C R, WANG S L, ZHANG X M, et al. Substituent effect of imidazolium ionic liquid: a potential strategy for high coulombic efficiency Al battery [J]. Journal of physical chemistry C, 2019, 123 (18): 11522-11528.

[57] WANG D Y, WEI C Y, LIN M C, et al. Advanced rechargeable aluminium ion battery with a high-quality natural graphite cathode [J]. Nature communications, 2017, 8 (1): 14283.

[58] KRAVCHYK K V, WANG S T, PIVETEAU L, et al. Efficient aluminum chloride-natural graphite battery [J]. Chemistry of materials, 2017, 29 (10): 4484-4492.

[59] SUN H B, WANG W, YU Z J, et al. A new aluminium-ion battery with high voltage, high safety and low cost [J]. Chemical communications, 2015, 51 (59): 11892-11895.

[60] CHEN H, GUO F, LIU Y J, et al. A defect-free principle for advanced graphene cathode of aluminum-ion battery [J]. Advanced materials, 2017, 29 (12): 1605958.

[61] WANG S T, KRAVCHYK K V, FILIPPIN A N, et al. Aluminum chloride-graphite batteries with flexible current collectors prepared from earth-abundant elements [J]. Advanced science, 2018, 5 (4): 1700712.

[62] LI C, SI X Q, CAO J, et al. Residual stress distribution as a function of depth in graphite/copper brazing joints via X-ray diffraction [J]. Journal of materials science & technology, 2019, 35 (11): 2470-2476.

[63] WEI J, CHEN W, CHEN D M, et al. An amorphous carbon-graphite composite cathode for long cycle life rechargeable aluminum ion batteries [J]. Journal of materials science & technology, 2018, 34 (6): 983-989.

[64] WALTER M, KRAVCHYK K V, BÖFER C, et al. Polypyrenes as high-performance cathode materials for aluminum batteries [J]. Advanced materials, 2018, 30 (15): 1705644.

[65] BHAURIYAL P, MAHATA A, PATHAK B. The staging mechanism of $AlCl_4^-$ intercalation in a graphite electrode for an aluminium-ion battery [J]. Physical chemistry chemical physics, 2017, 19 (11): 7980-7989.

[66] WANG H L, BAI Y, CHEN S, et al. Binder-free V_2O_5 cathode for greener rechargeable aluminum battery [J]. ACS applied materials & interfaces, 2015, 7 (1): 80-84.

[67] WANG W, JIANG B, XIONG W Y, et al. A new cathode material for super-valent battery based on aluminium ion intercalation and deintercalation [J]. Scientific reports, 2013, 3 (1): 3383.

[68] JIANG J L, LI H, HUANG J X, et al. Investigation of the reversible intercalation/deintercalation of Al into the novel Li_3VO_4@C microsphere composite cathode material for aluminum-ion batteries [J]. ACS applied materials & interfaces, 2017, 9 (34): 28486-28494.

[69] GENG L X, LV G C, XING X B, et al. Reversible electrochemical intercalation of aluminum in Mo_6S_8 [J]. Chemistry of materials, 2015, 27 (14): 4926-4929.

[70] LI Z Y, NIU B B, LIU J, et al. Rechargeable aluminum-ion battery based on MoS_2 microsphere cathode [J]. ACS applied materials & interfaces, 2018, 10 (11): 9451-9459.

[71] TANG Y C, ZHAO Z B, WANG Y W, et al. Carbon-stabilized interlayer-expanded few-layer $MoSe_2$ nanosheets for sodium ion batteries with enhanced rate capability and cycling performance [J]. ACS applied materials & interfaces, 2016, 8 (47): 32324-32332.

[72] KAVEEVIVITCHAI W, HUQ A, WANG S F, et al. Rechargeable aluminum-ion batteries based

on an open-tunnel framework [J]. Small，2017，13（34）：1701296.

[73] ZHAO Y G，VANDERNOOT T J. Review：electrodeposition of aluminium from nonaqueous organic electrolytic systems and room temperature molten salts [J]. Electrochimica acta，1997，42（1）：3-13.

[74] WANG S，JIAO S Q，WANG J X，et al. High-performance aluminum battery with CuS@C microsphere composite cathode [J]. ACS nano，2017，11（1）：469-477.

[75] MORI T，ORIKASA Y，NAKANISHI K，et al. Discharge/charge reaction mechanisms of FeS_2 cathode material for aluminum rechargeable batteries at 55 ℃ [J]. Journal of power sources，2016，313：9-14.

[76] MA Z L，HUANG X B，DOU S，et al. One-pot synthesis of Fe_2O_3 nanoparticles on nitrogen-doped graphene as advanced supercapacitor electrode materials [J]. The journal of physical chemistry C，2014，118（31）：17231-17239.

[77] CHEN S，DUAN J J，JARONIEC M，et al. Three-dimensional N-doped grapheme hydrogel/NiCo double hydroxide electrocatalysts for highly efficient oxygen evolution [J]. Angewandte chemie international edition，2013，52（51）：13567-13570.

[78] LIU J，LI Z Y，HUO X G，et al. Nanosphere-rod-like Co_3O_4 as high performance cathode material for aluminium ion batteries [J]. Journal of power sources，2019，422：49-56.

[79] REED L D，MENKE E. The roles of V_2O_5 and stainless steel in rechargeable Al-ion batteries [J]. Journal of the electrochemical society，2013，160（6）：A915-A917.

[80] ZHANG X F，ZHANG G H，WANG S，et al. Porous CuO microspheres architectures as high-performance cathode material for aluminum-ion battery [J]. Journal of materials chemistry A，2018，6：3084-3090.

[81] WEI J，CHEN W，CHEN D，et al. Molybdenum oxide as cathode for high voltage rechargeable aluminum ion battery [J]. Journal of the electrochemical society，2017，164（12）：A2304-A2309.

[82] LEE B，LEE H R，YIM T，et al. Investigation on the structural evolutions during the insertion of aluminum ions into Mo_6S_8 chevrel phase [J]. Journal of the electrochemical society，2016，163（6）：A1070-A1076.

[83] YANG W W，LU H，CAO Y，et al. A flexible free-standing MoS_2/carbon nanofibers composite cathode for rechargeble aluminum-ion batteries [J]. ACS sustainable chemistry & engineering，2019，7（5）：4861-4867.

[84] HU Y X，LUO B，YE D L，et al. An innovative freeze-dried reduced graphene oxide supported SnS_2 cathode active material for aluminum-ion batteries [J]. Advanced materials，2017，29（48）：1606132.

[85] XING W，DU D F，CAI T H，et al. Carbon encapsulated CoSe nanoparticles derived from metal-organic frameworks as advanced cathode material for Al-ion battery [J]. Journal of power sources，2018，401：6-12.

[86] ZHOU Q P，WANG D W，LIAN Y，et al. Rechargeable aluminum-ion battery with sheet-like $MoSe_2$@C nanocomposites cathode [J]. Electrochimica acta，2020，354（10）：136677.

[87] ZHAO Z C，HU Z Q，LIANG H Y，et al. Nanosized $MoSe_2$@Carbon Matrix：A stable host material for the highly reversible storage of potassium and aluminum ions [J]. ACS applied materials & interfaces，2019，11（47）：44333-44341.

[88] ZHANG K Q，KIRLIKOVALI K O，SUH J M，et al. Recent advances in rechargeable aluminum-ion batteries and considerations for their future progress [J]. ACS applied energy materials，2020，

3（7）：6019-603.

[89] LI H C, YANG H C, SUN Z H, *et al*. A highly reversible Co_3S_4 microsphere cathode material for aluminum-ion batteries [J]. Nano energy, 2019, 56：100-108.

[90] HU Y X, LUO B, YE D L, *et al*. An innovative freeze-dried reduced graphene oxide supported SnS_2 cathode active material for aluminum-ion batteries [J]. Advanced materials, 2017, 29 (48)：1606132.

[91] DALL' AGNESE Y, TABERNA P L, GOGOTSI Y, *et al*. Two-dimensional vanadium carbide (MXene) as positive electrode for sodium-ion capacitors [J]. Journal of physical chemistry letters, 2015, 6 (12)：2305-2309.

[92] WU L, SUN R M, XIONG F Y, *et al*. A rechargeable aluminum-ion battery based on a VS_2 nanosheet cathode [J]. Physical chemistry chemical physics, 2018, 20 (35)：22563-22568.

[93] ZHANG X F, WANG S, TU J G, *et al*. Flower-like vanadium sulfide/reduced graphene oxide composite：an energy storage material for aluminum-ion batteries [J]. ChemSusChem, 2018, 11 (4)：709-715.

[94] JIANG J L, LI H, FU T, *et al*. One-dimensional $Cu_{2-x}Se$ nanorods as the cathode material for highperformance aluminum-ion battery [J]. ACS applied materials & interfaces, 2018, 10 (21)：17942-17949.

[95] HU Y X, DEBNATH S, HU H, *et al*. Unlocking the potential of commercial carbon nanofibers as freestanding positive electrodes for flexible aluminum ion batteries [J]. Journal of materials chemistry A, 2019, 7 (25)：15123-15130.

[96] RANI J V, KANAKAIAH V, DADMAL T M, *et al*. Fluorinated natural graphite cathode for rechargeable ionic liquid based aluminum-ion battery [J]. Journal of the electrochemical society, 2013, 160 (10)：A1781-A1784.

[97] JIAO S Q, LEI H P, TU J G, *et al*. An industrialized prototype of the rechargeable $Al/AlCl_3$-[EMIm] Cl/graphite battery and recycling of the graphitic cathode into graphene [J]. Carbon, 2016, 109：276-281.

[98] ZHANG L Y, CHEN L, LUO H, *et al*. Large-sized fewlayer graphene enables an ultrafast and long-life aluminum-ion battery [J]. Advanced energy materials, 2017, 7 (15)：1700034.

[99] HUANG H B, ZHOU F, SHI X Y, *et al*. Graphene aerogel derived compact films for ultrafast and high-capacity aluminum ion batteries [J]. Energy storage materials, 2019, 23：664-669.

[100] HUANG H B, ZHOU F, LU P F, *et al*. Design and construction of few-layer graphene cathode for ultrafast and high-capacity aluminum-ion batteries [J]. Energy storage materials, 2020, 27：396-404.

[101] YANG G Y, CHEN L, JIANG P, *et al*. Fabrication of tunable 3D graphene mesh network with enhanced electrical and thermal properties for high-rate aluminum-ion battery application [J]. RSC advances, 2016, 6 (53)：47655-47660.

[102] ZHANG C Y, HE R, ZHANG J C, *et al*. Amorphous carbon-derived nanosheet-bricked porous graphite as high-performance cathode for aluminum-ion batteries [J]. ACS applied materials & interfaces, 2018, 10 (31)：26510-26516.

[103] ELIA G A, KYEREMATENG N A, MARQUARDT K, *et al*. An aluminum/graphite battery with ultra-high rate capability [J]. Batteries & supercaps, 2018, 2 (1)：83-90.

[104] LI Z Y, LIU J, NIU B B, *et al*. A novel graphite-graphite dual ion battery using an $AlCl_3$-[EMIm] Cl liquid electrolyte [J]. Small, 2018, 14 (28)：1800745.

[105] WANG S，JIAO S Q，SONG W L，et al. A novel dual-graphite aluminum-ion battery [J]. Energy storage materials，2018，12：119-127.

[106] LI C X，DONG S H，TANG R，et al. Heteroatomic interface engineering in MOF-derived carbonheterostructures with built-in electric-field effects for high performance Al-ion batteries [J]. Energy & environmental science，2018，11 (11)：3201-3211.

[107] ZHANG Q F，WANG L L，WANG J，et al. Low-temperature synthesis of edge-rich graphene paper for high-performance aluminum batteries [J]. Energy storage materials，2018，15：361-367.

[108] WANG P，CHEN H S，LI N，et al. Dense graphene papers：toward stable and recoverable Al-ion battery cathodes with high volumetric and areal energy and power density [J]. Energy storage materials，2018，13：103-111.

[109] HUANG X D，LIU Y，ZHANG H W，et al. Free-standing monolithic nanoporous graphene foam as a high performance aluminum-ion battery cathode [J]. Journal of materials chemistry A，2017，5 (36)：19416-19421.

[110] UEMURA Y，CHEN C Y，HASHIMOTO Y，et al. Graphene nanoplatelet composite cathode for a chloroaluminate ionic liquid-based aluminum secondary battery [J]. ACS applied energy materials，2018，1 (5)：2269-2274.

[111] TSUDA T，UEMURA Y，CHEN C Y，et al. Graphene nanoplatelet-polysulfone composite cathodes for highpower aluminum rechargeable batteries [J]. Electrochemistry，2018，86 (2)：72-76.

[112] TSUDA T，UEMURA Y，CHEN C Y，et al. Graphene-coated activate carbon fiber cloth positive electrodes for aluminum rechargeable batteries with a chloroaluminate room-temperature ionic liquid [J]. Journal of the electrochemical society，2017，164 (12)：A2468-A2473.

[113] CHEN H，CHEN C，LIU Y J，et al. High-quality graphene microflower design for high-performance Li-S and Al-ion batteries [J]. Advanced energy materials，2017，7 (17)：1700051.

[114] ELIA G A，HASA I，GRECO G，et al. Insights into the reversibility of aluminum graphite batteries [J]. Journal of materials chemistry A，2017，5 (20)：9682-9690.

[115] ZHANG K Q，LEE T H，BUBACH B，et al. Graphite carbon-encapsulated metal nanoparticles derived from Prussian blue analogs growing on natural loofa as cathode materials for rechargeable aluminum-ion batteries [J]. Scientific reports，2019，9 (1)：13665.

[116] JUNG S C，KANG Y J，YOO D J，et al. Flexible few-layered graphene for the ultrafast rechargeable aluminum-ion battery [J]. Journal of physical chemistry C，2016，120 (25)：13384-13389.

[117] CHEN H，XU H Y，ZHENG B N，et al. Oxide film efficiently suppresses dendrite growth in aluminum-ion battery [J]. ACS applied materials & interfaces，2017，9 (27)：22628-22634.

[118] CHOI S，GO H，LEE G，et al. Electrochemical properties of an aluminum anode in an ionic liquid electrolyte for rechargeable aluminum-ion batteries [J]. Physical chemistry chemical physics，2017，19 (13)：8653-8656.

[119] LEE D，LEE G，TAK Y. Hypostatic instability of aluminum anode in acidic ionic liquid for aluminum-ion battery [J]. Nanotechnology，2018，29 (36)：36LT01.

[120] WANG C，LI J F，JIAO H D，et al. The electrochemical behavior of an aluminum alloy anode for rechargeable Al-ion batteries using an $AlCl_3$-urea liquid electrolyte [J]. RSC advances，2017，7 (51)：32288-32293.

[121] SHE D M，SONG W L，HE J，et al. Surface evolution of aluminum electrodes in non-aqueous aluminum batteries [J]. Journal of the electrochemical society，2020，167：130530.

[122] GUO M L, FU C P, JIANG M, et al. High performance aluminum foam-graphite dual-ion batteries and failure analysis [J]. Journal of alloys and compounds, 2020, 838: 155640.

[123] LONG Y, LI H, YE M C, et al. Suppressing Al dendrite growth towards a long-life Al-metal battery [J]. Energy storage materials, 2021, 34: 194-202.

[124] JIAO H D, WANG C, TU J G, et al. A rechargeable Al-ion battery: Al/molten $AlCl_3$-urea/graphite [J]. Chemical communications, 2017, 53 (15): 2331-2334.

[125] ELIA G A, HOEPPNER K, HAHN R. Comparison of chloroaluminate melts for aluminum graphite dual-ion battery application [J]. Batteries & supercaps, 2021, 4 (2): 368-373.

[126] XU C, ZHAO S M, DU Y Q, et al. $AlCl_3$/pyridinium chloride electrolyte-based rechargeable aluminum ion battery [J]. Materials letters, 2020, 275 (15): 128040.

[127] ELTERMAN V A, SHEVELIN P Y, CHIZHOV D L, et al. Development of a novel 1-trifluoro-acetyl piperidine-based electrolyte for aluminum ion battery [J]. Electrochimica acta, 2019, 323: 134806.

[128] NG K L, DONG T, ANAWATI G, et al. High-performance aluminum ion battery using cost-effective $AlCl_3$-trimethylamine hydrochloride ionic liquid electrolyte [J]. Advanced sustainable systems, 2020, 4 (8): 2000074.

[129] SONG Y, JIAO S Q, TU J G, et al. A long-life rechargeable Al ion battery based on molten salts [J]. Journal of materials chemistry A, 2017, 5 (3): 1282-1291.

[130] SONG S F, KOTOBUKI M, ZHENG F, et al. Al conductive hybrid solid polymer electrolyte [J]. Solid state ionics, 2017, 300: 165-168.

[131] KOTOBUKI M, LU L, SAVILOV S V, et al. Poly (vinylidene fluoride) -based Al ion conductive solid polymer electrolyte for Al battery [J]. Journal of the electrochemical society, 2017, 164 (14): A3868-A3875.

[132] YU Z J, JIAO S Q, LI S J, et al. Flexible stable solid-state Al-ion batteries [J]. Advanced functional materials, 2019, 29 (1): 1806799.

[133] SCHOETZ T, LEUNG O, LEON C P D, et al. Aluminium deposition in $EMImCl-AlCl_3$ ionic liquid and ionogel for improved aluminium batteries [J]. Journal of the electrochemical society, 2020, 167 (4): 040516.

[134] YU Z J, JIAO S Q, TU J G, et al. Gel electrolytes with a wide potential window for high-rate Al-ion batteries [J]. Journal of materials chemistry A, 2019, 7 (35): 20348-20356.

[135] MIGUEL Á, GARCÍO N, GREGORIO V, et al. Tough polymer gel electrolytes for aluminum secondary batteries based on urea : $AlCl_3$, prepared by a new solvent-free and scalable procedure [J]. Polymers, 2020, 12 (6): 1336.

[136] ELIA G A, KRAVCHYK K V, KOVALENKO M V, et al. An overview and prospective on Al and Al-ion battery technologies [J]. Journal of power sources, 2021, 481: 228870.

[137] DEDYUKHIN A E, KATAEV A A, REDKIN A A, et al. Density and molar volume of KF-NaF-AlF_3 melts with Al_2O_3 and CaF_2 additions [J]. Electrochemical society translation, 2014, 64 (4): 151-159.

[138] WASSERSCHEID P, WELTON T. Ionic liquids in synthesis [M]. Germany: Wiley-VCH Verlag GmbH & Co. KGaA, 2002: 56-59.

[139] ZHENG Y, DONG K, WANG Q, et al. Density, viscosity, and conductivity of lewis acidic 1-butyl- and 1-hydrogen-3-methylimidazolium chloroaluminate ionic liquids [J]. Journal of chemical and engineering data, 2013, 58 (1): 32-42.

［140］ 田鹏. 离子液体的物理化学性质［J］. 沈阳师范大学学报（自然科学版），2011，29（2）：129-137.

［141］ GARDAS R L，FREIRE M G，CARVALHO P J，et al. High-pressure densities and derived thermodynamic properties of imidazolium-based ionic liquids［J］. Journal of chemical and engineering data，2007，52（1）：80-88.

［142］ PERNAK J，CZEPUKOWICZ A，POZNIAK R. New ionic liquids and their antielectrostatic properties［J］. Industrial & engineering chemistry research，2001，40（11）：2379-2383.

［143］ BRANCO C，ROSA J N，RAMOS J M，et al. Preparation and characterization of new room temperature ionic liquids［J］. Chemistry-A european journal，2002，8（16）：3671-3677.

［144］ ABBOTT A P，BARRON J C，DAVID W，et al. Eutectic-based ionic liquids with metal-containing anions and cations［J］. Chemistry-A european journal，2007，13（22）：6495-6501.

［145］ GALE R J，GILBERT B，OSTERYOUNG R A. Raman spectra of molten aluminum chloride：1-butylpyridinium chloride systems at ambient temperatures［J］. Inorganic chemistry，1978，17（10）：2728-2729.

［146］ TORSI G，MAMANTOV G，BEGUN G M. Raman spectra of the $AlCl_3$-NaCl system［J］. Inorganic and nuclear chemistry letters，1970，6（6）：553-560.

［147］ AGOSTINO C，HARRIS R C，MANTLE M D. Molecular motion and ion diffusion in choline chloride based deep eutectic solvents studied by 1H pulsed field gradient NMR spectroscopy［J］. Physical chemistry chemical physics，2011，13：21383-21391.

［148］ YUE G K，ZHANG X P，ZHANG S J，et al. Conductivities of $AlCl_3$/ionic liquid systems and their application in electrodeposition of aluminium［J］. The Chinese journal of process engineering，2008，8（4）：0814-0819.

［149］ FANNIN A A，FLOREANI D A，WILKES J S. Properties of 1，3-dialkylimldazollum chloride-aluminum chloride ionic liquids 2. Phase transitions，densities，electrical conductivities，and viscosities［J］. The journal of physical chemistry，1984，88（12）：2614-2621.

［150］ FANG Y X，YOSHII K，JIANG X G，et al. An $AlCl_3$ based ionic liquid with a neutral substituted pyridine ligand for electrochemical deposition of aluminum［J］. Electrochimica acta，2015，160（1）：82-88.

［151］ KENTA F，HIROYUKI O. Design and synthesis of hydrophobic and chiral anions from amino acids as precursor for functional ionic liquids［J］. Chemical communications，2006，29：3081-3083.

［152］ ABBOTT A P，BOOTHBY D，CAPPER G. Deep eutectic solvents formed between choline chloride and carboxylic acids：versatile alternatives to ionic liquids［J］. Journal of the American chemical society，2004，126（29）：9142-9147.

［153］ VILA J，VARELA L M，CABEZA O. Cation and anion sizes influence in the temperature dependence of the electrical conductivity in nine imidazolium based ionic liquids［J］. Electrochimica acta，2007，52（26）：7413-7417.

［154］ ABBOTT A P，HARRIS R C，RYDER K S. Application of hole theory to define ionic liquids by their transport properties［J］. The journal of physical chemistry B，2007，111（18）：4910-4913.

［155］ FANNIN A A，LEVISKY J A，WILKES J S，et al. Properties of 1，3-dialkylimidazolium chloride-aluminum chloride ionic liquids 1. Ion interactions by nuclear magnetic resonance spectroscopy［J］. The journal of physical chemistry B，1984，88（12）：2609-2614.

［156］ COLEMAN F，SRINIVASAN G，KWAŚNY M S. Liquid coordination complexes formed by the heterolytic cleavage of metal halides [J]. Angewandte chemie international edition, 2013, 52 (48): 12582-12586.

[157] JIANG T, BRYM M J C, DUBÉ G, et al. Electrodeposition of aluminium from ionic liquids: Part Ⅱ - studies on the electrodeposition of aluminum from aluminum chloride (AlCl₃) -trimethylphenylammonium chloride (TMPAC) ionic liquids [J]. Surface and coatings technology, 2016, 201 (1-2): 10-18.

[158] GEETHA S, TRIVEDI D C. Properties and applications of chloroaluminate as room temperature ionic liquid [J]. Bulletin of electrochemistry, 2003, 19 (01): 37-48.

[159] 张锁江. 离子液体——从理论基础到研究进展 [M]. 北京: 化学工业出版社, 2008: 23-24.

[160] PERRY R L, JONES K M, SCOTT W D, et al. Densities, viscosities, and conductivities of mixtures of selected organic cosolvents with the Lewis basic aluminum chloride + l-methyl-3-ethylimidazolium chloride molten salt [J]. Journal of chemical and engineering data, 1995, 40 (3): 615-619.

[161] TORREROA D M, LEUNGA P, QUISMONDOA E G, et al. Investigation of different anode materials for aluminium rechargeable batteries [J]. Journal of power sources, 2018, 374: 77-83.

[162] LI M, GAO B L, CHEN W T, et al. Electrodeposition behavior of aluminum from urea-acetamide-lithium halide low-temperature molten salts [J]. Electrochimica acta, 2015, 185: 148-155.

[163] HU P C, JIANG W, ZHONG L J, et al. Determination of the Lewis acidity of amide-AlCl₃ based ionic liquid analogues by combined in situ IR titration and NMR methods [J]. RSC advances, 2018, 8 (24): 13248-13252.

[164] ZHANG C K, DING Y, ZHANG L Y, et al. A Sustainable redox-flow battery with an aluminum-based, deep-eutectic-solvent anolyte [J]. Angewandte chemie international edition, 2017, 129 (56): 7562-7567.

[165] HU P C, JIANG W L, ZHONG L J, et al. Physicochemical properties of amide-AlCl₃ based ionic liquid analogues and their mixtures with copper salt [J]. Chinese journal of chemical engineering, 2019, 27 (1): 144-149.

[166] ABBOTT A P, BARRON J C, RYDER K S, et al. Eutectic-based ionic liquids with metal-containing anions and cations [J]. Chemistry-A european journal, 2007, 13 (22): 6495-6501.

[167] ZHANG Q Z, VIGIER K D O, ROYER S, et al. Deep eutectic solvents: syntheses, properties and applications [J]. Chemical society reviews, 2012, 41 (21): 7108-7146.

[168] 贾永忠. 类离子液体 [M]. 北京: 化学工业出版社, 2015: 18-19.

[169] YOSHIZAWA M, XU W, ANGELL C A. Ionic liquids by proton transfer: vapor pressure, conductivity, and the relevance of ΔpK_a from aqueous solutions [J]. Journal of the American chemical society, 2015, 125 (50): 15411-15419.

[170] XU W, COOPER E I, ANGELL C A. Ionic liquids: ion mobilities, glass temperatures, and fragilities [J]. Journal of physical chemistry B, 2003, 107 (25): 6170-6178.

[171] MACFARLANE D R, FORSYTH M, IZGORODINA E I, et al. On the concept of ionicity in ionic liquids [J]. Physical chemistry chemical physics, 2009, 11 (25): 4962-4967.

[172] FRASER K J, IZGORODINA E I, FORSYTH M, et al. Liquids intermediate between "molecular" and "ionic" liquids: Liquid ion pairs? [J]. Chemical communications, 2007 (37): 3817-3819.

[173] GARCÍA A, GONZÁLEZ L C T, PADMASREE K P, et al. Conductivity and viscosity properties of associated ionic liquids phosphonium orthoborates [J]. Journal of molecular liquids, 2013, 178: 57-62.

[174] PEREIRO A B, ARAÚJO J M M, MARTINHO S, et al. Fluorinated ionic liquids: properties and applications [J]. ACS sustainable chemistry & engineering, 2013, 1 (4): 427-439.

[175] QIAO J, ZHOU H T, LIU Z S, et al. Defect-free soft carbon as cathode material for Al-ion batteries [J]. Ionics, 2019, 25 (6): 1235-1242.

[176] ALAZMI A, RASUL S, PATOLE S P, et al. Comparative study of synthesis and reduction methods for graphene oxide [J]. Polyhedron, 2016, 116: 153-161.

[177] SU Y S, ZHAMU A, HE H, et al. Aluminum secondary battery cathode having oriented graphene: US, 10122020B2 [P], 2018.

[178] ZHANG L Y, CHEN L, LUO H, et al. Large-sized few-layer graphene enables an ultrafast and long-life aluminum-ion battery [J]. Advanced energy materials, 2017, 7 (15): 1700034.

[179] 高超. 高性能铝-石墨烯电池材料研究 [D]. 杭州: 浙江大学, 2017.

[180] BALABAJEW M, REINHARDT H, BOCK N, et al. In-situ Raman study of the intercalation of bis (trifluoromethylsulfonyl) imide ions into graphite inside a dual-ion cell [J]. Electrochimica acta, 2016, 211: 679-688.

[181] SOLE C, DREWET N E, HARDWICK L J. In situ Raman study of lithium-ion intercalation into microcrystalline graphite [J]. Faraday discuss, 2014, 172: 223-237.

[182] GUPTA S, HUGHES M, WINDLE A H, et al. Charge transfer in carbon nanotube actuators investigated using in situ Raman spectroscopy [J]. Journal of applied physics, 2014, 95 (4): 2038-2048.

[183] DOKKO K, SHI Q F, STEFAN I C, et al. In situ Raman spectroscopy of single microparticle Li^+-intercalation electrodes [J]. Journal of physical chemistry B, 2003, 107 (46): 12549-12554.

[184] VECERA P, TORRES J C C, PICHLER T, et al. Precise determination of graphene functionalization by in situ Raman spectroscopy [J]. Nature communications, 2017, 8: 15192.

[185] QIAO Y, WU S C, YI J, et al. From O_2^- to HO_2^-: reducing by-products and overpotential in Li-O_2 batteries by water addition [J]. Angewandte chemie international edition, 2017, 56 (18): 4960-4964.

[186] ZHU H L, YU G S, GUO Q H, et al. In situ Raman spectroscopy study on catalytic pyrolysis of a bituminous coal [J]. Energy fuel, 2017, 31 (6): 5817-5582.

[187] DONG J C, ZHANG X G, MARTOS V B, et al. In situ Raman spectroscopic evidence for oxygen reduction reaction intermediates at platinum single-crystal surfaces [J]. Nature energy, 2019, 4 (1): 60-67.

[188] CYRIAC J, WLEKLINSKI M, LI G T, et al. In situ Raman spectroscopy of surfaces modified by ion soft landing [J]. Analyst, 2012, 137 (6): 1363-1369.

[189] QIAO Y, GUO S H, ZHU K, et al. Reversible anionic redox activity in Na_3RuO_4 cathodes: a prototype Na-rich layered oxide [J]. Energy & environmental science, 2018, 11 (2): 299-305.

[190] CHILDRESS A S, PARAJULI P, ZHU J Y, et al. A Raman spectroscopic study of graphene cathodes in highperformance aluminum ion batteries [J]. Nano energy, 2017, 39: 69-76.

[191] EKLUND P C, ARAKAWA E T, ZARESTKY J L, et al. Charge-transfer-induced changes in the electronic and lattice vibrational properties of acceptor-type GICs [J]. Synthetic metals, 1985, 12 (1-2): 97-102.

[192] INABA M, YOSHIDA H, OGUMI Z, et al. In Situ Raman Study on Electrochemical Li Intercalation into Graphite [J]. Journal of the electrochemical society, 1995, 142 (1): 20.

[193] DRESSELHAUS M S, DRESSELHAUS G. Intercalation compounds of graphite [J]. Advances in physics, 2002, 51 (1): 1-186.

[194] XU J, MA C J, CAO J Y, et al. Facile synthesis of core-shell nanostructured hollow carbon nanospheres@nickel cobalt double hydroxides as high-performance electrode materials for supercapacitors [J]. Dalton transactions, 2017, 46 (10): 3276-3283.

[195] ZHANG W Q, ZHANG X, CHEN L, et al. Single-walled carbon nanotube induced optimized electron polarization of rhodium nanocrystals to develop an interface catalyst for highly efficient electrocatalysis [J]. ACS catalysis, 2018, 8 (9): 8092-8099.

[196] WANG S, XIAO X, ZHOU Y P, et al. A high-performance dual-ion cell utilizing Si nanosphere @graphene anode [J]. Electrochimica acta, 2018, 282: 946-954.

[197] XU J, JU Z W, CAO J Y, et al. Microwave synthesis of nitrogen-doped mesoporous carbon/nickelcobalt hydroxide microspheres for high-performance supercapacitors [J]. Journal of alloys and compoun, 2016, 689: 489-499.

[198] ABBOTT A P, QIU F, ABOOD H M A, et al. Double layer, diluent and anode effects upon the electrodeposition of aluminium from chloroaluminate based ionic liquids [J]. Physical chemistry chemical physics, 2010, 12 (8): 1862-1872.

[199] CHOI S W, GO H, LEE G, et al. Electrochemical properties of an aluminum anode in an ionic liquid electrolyte for rechargeable aluminum-ion batteries [J]. Physical chemistry chemical physics, 2017, 19 (13): 8653-8656.

[200] BARD A J, FAULKNER R L. Electrochemical methods: fundamentals and applications [M]. New York: John Wiley & Sons, Inc, 2001: 228-231.

[201] YOO D J, KIM J S, SHIN J, et al. Stable Performance of aluminum-metal battery by incorporating lithium-ion chemistry [J]. ChemElectroChem, 2017, 4 (9): 2345-2351.

[202] SUN X G, BI Z H, LIU H S, et al. A high performance hybrid battery based on aluminum anode and LiFePO$_4$ cathode [J]. Chemical communications, 2016, 52: 1713-1716.